锦瑟流年中 抓住成长细节

感悟生活

主编 拾 月
编著 张玲玲

图书在版编目(C I P)数据

锦瑟流年中 抓住成长细节 : 感悟生活 / 张玲玲编著. -- 北京 : 现代出版社, 2015.4
ISBN 978-7-5143-3508-8

Ⅰ. ①锦… Ⅱ. ①张… Ⅲ. ①成功心理 - 青少年读物
Ⅳ. ①B848.4-49

中国版本图书馆 CIP 数据核字(2015)第 067769 号

锦瑟流年中 抓住成长细节 : 感悟生活

主　　编 拾 月
编　　著 张玲玲
责任编辑 王敬一
内文制作 诚美天下文化传播有限公司
出版发行 现代出版社
地　　址 北京市安定门外安华里 504 号
邮　　编 100011
电　　话 (010)64267325
传　　真 (010)64245264
邮　　箱 xiandai@cnpitc.com.cn
网　　址 www.1980xd.com
印　　刷 三河市华晨印务有限公司
开　　本 700mmx1000mm 1/16
印　　张 9
版　　次 2015 年 5 月第 1 版 2021 年 4 月第 3 次印刷
书　　号 ISBN 978-7-5143-3508-8
定　　价 29.80 元

前言

青少年是社会的宝贵财富，是人类的希望和未来，正所谓“少年强则国强”。为此，大至一个国家、一个民族，小至一个家庭、一个家族，都特别重视青少年的教育问题。希望他们成为社会的中坚，家族的骄傲。一句话，就是希望他们成为成功的人。于国，能成为有用的人才；于家，能成为顶梁柱。不仅仅要学习好，还要有辨别人世间善、恶、美、丑的能力。在每个人的人生中，除了需要自身的因素之外，还需要拥有感受世界的能力。

恩师、成长，是人生成长、受业与收获，恩师给予我们知识、道理，最终收获了成长。

创意、希望，是对未来充满了信心和奋斗的勇气。

辩证、改变，是让我们学会理性而冷静地面对人生。

犹豫、内疚，是内心的一个警钟，让我们时刻保持着自信。

谦卑、焦虑，是对于生命真谛的领悟。

青春，是人最美好的一段时光，也是人格、性格定型的重要阶段，在这个时期，我们需要享受青春的快乐，同时也需要完成自我塑造。通过心理自助，最终从一个小男生、小女生逐渐成长为一个有着健全人格的人，成长为一个对社会、对家庭、对自我有着相对完整认知的人，成长为能够为自己的未来做主的人。这才是一个最充实、最有价值的青春。每个梦想都值得我们认真对待，每个青少年都是未来的希望。在青春中我们不仅要有欢乐，同时也要拥有未来！

本丛书是你化解烦恼的“心灵鸡汤”，可以给你快乐的心理自助；本丛书会让你认识到：掌控心理，方能掌控世界；改变自己，才能改变一切。本丛书还将告诉你：只有实现积极的心理自助，才能收获快乐而充实的青春。

目录

第一篇 塑造品质：你若德高行雅，清风自会到来

第二篇 不惧坎坷：幸运和不幸组成了岁月如歌

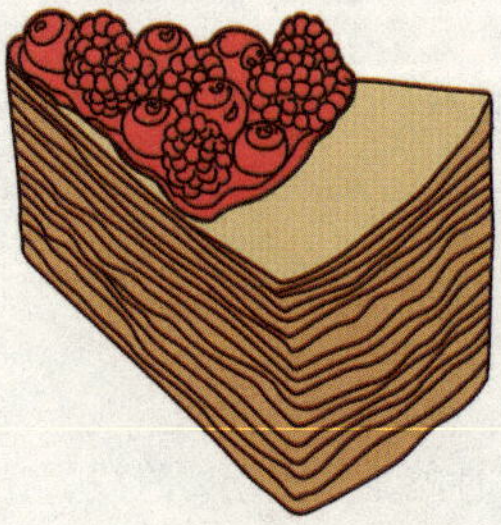

第三篇 学会交际：有他人在，你才能触摸到幸福

目录

第四篇 心态和谐：积极成长，让快乐如影随形

第五篇 试炼能力：有不停的磨炼才有不断的进步

第一篇

塑造品质：你若德高行雅，清风自会到来

德高行远，心清气正。心胸像天空一样宽阔、透明，人生也肯定会是快乐和幸福的。获得尊重的唯一的途径是修身养德、苦练内功。“德高”，才能“行远”。自身品德深厚了，人格完善了，才会有受到点拨、提携的良机。

诚信是人生一张华丽的通行证

故事话题

晏殊是北宋政治家、文学家，他享年 64 岁，为官 50 年，历任要职，最高达至宰相重位，他一手提携的欧阳修总结说他“富贵优游五十年”。

晏殊 3 岁就识文断字，五岁即能咏诗作对，流传至今的有一首《题所居道傍白塔》：

白塔青松古道西，塔高松矮不能齐。

时人莫讶青松小，他日松高塔又低。

七岁作文下笔如注，“神童”的美誉传遍家乡。

宋真宗景德元年，也就是公元 1004 年，晏殊 14 岁，时任江南按抚的张知白向朝廷举荐他。他与其他成人学子一起殿试，仍然是脱颖而出，之后的诗赋论考试，晏殊禀报说题目自己近日做过，请更换其他题目。

诚实的品质深得皇帝赞许，赐他“同进士”出身，任命了官职。晏殊就是这样开启了自己漫长的锦绣仕途。

入朝当职后，正值天下太平，同僚无不饮宴畅游，寻欢作乐，而晏殊却闭门与兄弟共同读书写作，专心于学问。

宋真宗了解到这个情况，便提拔晏殊为东宫官，专事辅佐太子。晏殊谢恩后老老实实地说了原委。他也想到处游玩，只是囊中羞涩，故而宅家。

真诚的态度加深了皇帝对他的信任，宋真宗更加倚重他。后来太子即位，对他的重用有增无减，直至在他 53 岁时拜为一人之下万人之上的宰相。

长达 50 年的仕途生涯相当程度上得益于晏殊以诚为本的为人处世原则，史书记载他“遇人必以诚”，因而“当世知名之士如范仲淹、孔道辅等，皆出其门。”

故事解析

成长，对于每个人来说都不陌生，青少年时期是成长的重要阶段。多多学习、培养健康向上的品德素养，持之以恒，就能成为非同凡响的成功者。

晏殊具有诚实的品格，勇于检讨自我，不断追求上进。他诚实踏实的品格、态度让他成长为满腹真才实学的优秀人才，更是一张华丽丽的通行证，为他开启了荣耀一生的大门。

“三杯吐然诺，五岳倒为轻。”这是李白《侠客行》里的诗句，形容承诺的分量比大山还重，极言诚信的重要。

诚信是最基本而又最不应该被人忽视的美德，人生要以诚信为坐标，才有无限延展的可能。诚信是能够稳健人生的砝码，不可或缺。

成长路上，要牢牢把握诚信美德，只有借由诚信美德的光辉，才能步步为赢，顺畅无阻。

故事穿越

司马光小时候是个机灵调皮的孩子。父亲的书房外面有好几颗粗壮的果树，夏天带来阴凉，秋天硕果累累，是他和姐姐经常玩耍的地方。

一年秋天，姐弟俩在地上捡了很多核桃，两人却弄不开核桃外面的那层厚实的绿色果皮。好不容易砸开一个，核桃仁也跟着都被砸碎了，根本不能吃。

如此砸了几个，姐姐丢下核桃走了，司马光拨动着核桃，不一会儿却发起了呆。一个仆人走过来问情由，然后带着司马光进了屋。

她把开水浇在核桃上，等了片刻，取出一个用小刀轻轻一划，整张外皮轻易就撕掉了。然后再砸开核桃的硬皮，司马光终于吃到了完整的核桃仁。

仆人给他砸了几个就走了。司马光吃着核桃仁跑到刚才砸核桃的地方，看着遍地的渣渣，颇为得意。

姐姐回来了，也去拿了完整的核桃仁吃，边吃边问是什么好办法。司马光洋洋得意地说：保密。

姐姐知道他很聪明，真的以为是他弄开的，便穷追不舍。司马光不予否认，而且更加骄傲，坚决不说。

父亲在书房坐不下去了，来到他们身边。光儿，你为什么不讲实话呢。我可听得清清楚楚的哦。

司马光脸红了，赶快告诉姐姐实情。父亲接着说，一个人聪明是好事，但是要用得正确。没有诚实的原则，你再聪明不过是个骗子。将别人的功劳据为已有，还是一个强盗。

司马光把事情的经过原原本本地说给了姐姐，从此以后，他诚实做人，成为一代伟人。

故事微语

有位西方的哲人曾经说：这个世界上只有两样东西能引起人内心深深的震动，一个是我们头顶上的灿烂星空，一个就是我们心中崇高的道德准则——诚信。

诚信就是黑夜里明亮的星星，散发出温暖和希望，指引着灿烂的朝阳；诚信是甘甜的春雨，浇灌柔弱的幼苗，赋予它们力量，永远向上生长。

不讲诚信，任天资再好，也不能成长为顶天立地的栋梁。小司马光就是犯了耍小聪明的错误，自以为是，实则抢功骗人，失掉了仁义道德之大义，幸亏父亲及时拨正，才没有让天赋秉异的好苗毁坏。

诚信是立人之本，抛弃这条基准，人生会堕入万劫不复的深渊。以诚信为骨干构建的人格才是坚固结实的，任你在广袤的世界自由行进，实现辉煌。

心灵箴言

诚信为人之本。

——鲁迅

人之所助者，信也。

——《周易》

诚实是力量的一种象征，它显示着一个人的高度自重和内心的安全感与尊严感。

——[美] 艾琳·卡瑟

自以为聪明的人，往往是没有好下场的，世界上最聪明的人是老实的人，因为只有老实人才能经得起事实和历史的考验。

——周恩来

多一些宽容，少一些烦恼

故事话题

丘吉尔是贵族后代，到他出生时，家道已经没落了。他的父亲在他21岁时病逝，他的母亲——一位富翁的女儿，虽然四十多了，依然美丽动人。

三年后，母亲萌生了再婚的念头，对方与丘吉尔同龄。母亲的想法遭到整个家族的反对，她简直坚持不下去了。

正在这时，丘吉尔来到母亲面前，毫不犹豫地握起她的双手，以不容辩驳的口吻说：我最亲爱的妈妈，不用这样忧愁，自己的事自己把握，希望您坚定自我的信念。我唯愿您开心幸福！

母亲受到莫大鼓舞，她勇敢地再次步入了婚姻的殿堂。之后的十几年，丘吉尔通过努力跻身政坛，掀开了人生崭新的一页。而母亲的第二次婚姻却宣告失败。

母亲60岁那年，又找到一位如意郎君，准备结婚。这次她没有顾忌别人的声响，唯独担心影响儿子的仕途，尤其是新郎比丘吉尔还小，她怕儿子的反对派会以此作说辞。

丘吉尔知道母亲的担忧后一如既往地安慰她，只有您幸福快乐我才能欣然，他对母亲说，让自己的母亲安享晚年也是无可指责的。

母亲放心了，第三次穿上了婚纱。婚礼进行中，丘吉尔与上次一样神情自若地陪伴着母亲，俨然母亲的守护神。

丘吉尔以高尚的情操，高深的智慧，加上不懈的努力，成为优秀的多面手：历史学家、政治家、演说家、作家——《不需要的战争》获诺贝尔文学奖，影响了全世界；2002年，获选为有史以来最伟大的英国人。

故事解析

能够两次接受母亲的再婚，对于今天中国的大多数年轻人来说是不可思议的，更为艰难的是，两个继父都那么年轻。具有如此宽容胸怀的丘吉尔难怪成了传奇伟人。

现实生活中，每个人都会面临压力、受到伤害，没有一颗能谅解、宽容的心灵是脆弱而难以生存的。一定要学会宽容。

宽容体现了仁爱大度的品性。丘吉尔之所以如此宽容母亲，主要就是源于对母亲深深的情感，让母亲幸福快乐是他最大的心愿，其他的不足以计较。

宽容是信心和实力的象征。丘吉尔自立自强，依靠自己的拼搏奋斗挣取自己的人生，不需要借助母亲个人幸福的牺牲。

宽容是生存的大智慧。成长中的磕磕绊绊很多不必要斤斤计较，退一步海阔天空，关键的是不要停止进取的脚步。

宽容是谅解他人，收获友谊；更是善待自己，快乐从容。成长需要宽容做助力器，到达目不可及的远方。

故事穿越

希拉里·黛安·罗德姆·克林顿，美国第 42 届总统比尔·克林顿的妻子，美国第 67 任国务卿，著名律师、政治家。她 1973 年获耶鲁大学法学院法学博士学位，是美国目前为止学历最高的第一夫人。

在她身为第一夫人期间，2003 年她出版了自传《亲历历史》。书出版上市前夕，美国一位著名的脱口秀主持人公开声称：它不可能卖得好，我敢打赌，如果超过一百万本，我把鞋子吃下去。

说话不留余地的人都是自取其辱，这位主持人也不例外。书出版没多久销量即突破了 100 万本，大家都在等着看事态如何发展。

事件的结尾很幽默温馨。主持人自食其果，不过他吃到的不是真的鞋子，而是来自第一夫人亲手制作的鞋子形状的蛋糕。

蛋糕的味道肯定不同寻常，会让主持人牢记一生。

故事微语

宽容的人是人间天使，为世界挥洒阳光、雨露。宽容的希拉里化干戈为玉帛，提升了自己，圆满了他人。

宽容比自由更难得，宽容包容着自由。宽容是对个人权利的尊重：即使我不赞成你的观点，但我坚决捍卫你发言的权利；即使我不支持你的行动，但我坚决维护你合法行动的自由！

希拉里就是十分尊重个人权益的人，对于别人的公开挑衅，她尊重对方言论的自由，即使语言里包含有浓烈的火药味。她忍耐心性，继续自己的事务。当无情的事实有力回击了挑衅者之后，她向对方赠送了鞋子蛋糕，既表达了自己的意见还给了失败的挑衅者以安慰，为这个事件画上圆满的句号，尽显第一夫人风范。

宽容是一种境界，能够具有宽容的品性，人的品味格调就能够上升一个层次，原来无理取闹的孩子成长为安静从容的少年；之前毛手毛脚的小伙子变成淡定大度的成年人。

能够宽容，容人容事，就是成长。宽容化解烦恼忧愁，明亮你的心境，开阔你的心胸，加快进取的步伐。

心灵箴言

最高贵的复仇是宽容。

——[法] 雨果

宽容是文明的唯一考核。

——[美] 海尔普斯

诚挚地宽恕，再把它忘记。

——英国谚语

宽宥是人性的，而忘却是神性的。

——[美] 詹姆斯·格兰

智慧的艺术就是懂得该宽容什么的艺术。

——[美] 威廉·詹姆斯

只有勇敢的人才懂得如何宽容；懦夫决不会宽容，这不是他的本性。

——[美] 斯特恩

远离自卑，做一个自信的人

故事话题

上世纪 60 年代，一个混血男孩出生在美国夏威夷的檀香山，他的父亲是肯尼亚人，母亲来自美国的一个中产家庭。

男孩长大后就读于夏威夷一家私立精英小学，因为肤色问题的困扰，他在班上少言寡语。每当老师提问时，他的双腿就开始不停颤抖，说话也变得吞吞吐吐。

老师无奈地告诉男孩的母亲，这个孩子连自己都不相信，将来不会有什么出息了。

男孩的母亲并不认同老师的观点，她为男孩找了一份差事——课余时间在街区挨家挨户订报纸。

在母亲的鼓励下，男孩勇敢地迈出了第一步。他敲开了邻居家的门，努力地与他们沟通。结果是出人意料的顺利，几个邻居都成了他忠实的订户。

有了挣“第一桶金”的经历，男孩从此说话不再结巴了。他从一个街区走到另一个街区，自信地敲开一家又一家的大门，订单与日俱增，他人生第一次享受到了成功的喜悦。

多年以后，男孩才知道，他童年时获得的“第一桶金”浸透了深深的母爱。原来，母亲早就安排好了，她自己出钱请邻居们订报纸，目的就是给儿子一份自信。

成功的他握住母亲的手，任凭泪水肆意地奔流。是童年那份宝贵的自信让他一步步地走下来，成为美国首位非洲裔总统。

他就是贝拉克•侯赛因•奥巴马。

故事解析

就是拥有了自信，奥巴马由一个黑人男孩一举夺得总统座椅，成为美国历史上第一位黑人总统。

他的自信来自母亲悉心的培育。订报纸得到的“第一桶金”微乎其微，重要的在于让一个孩子有了相信自己的基本素质。

自信才能成事，“成王败寇”说的就是自信的道理。春秋战国，越王勾践就是凭着对必胜的坚定信念，卧薪尝胆 13 年，反败为胜，称雄一方。

而自卑恰恰相反。自卑是对自己的否定，不相信自己的能力，不敢想成功，却又害怕失败，行动总是畏畏缩缩，必然一事无成。

成长是许许多多行动串联起来的过程，抛开自卑，建立自信，才能多多行动，积累经验；有成功，有失败，有快乐，有痛苦，有甘甜，有苦涩，才能体验、了解丰富的人生。

成长是不断取舍的过程，得到精华，远离糟粕，而自信是能够得到的最好的珍宝，需要终身珍藏，不可抛失，就会受益一生。

故事穿越

古希腊的大哲学家苏格拉底在临终前有一个不小的遗憾：他多年的得力助手，居然在半年多的时间里没能给他寻找到一个最优秀的关门弟子。

那位忠诚而勤奋的助手，不辞辛劳地通过各种渠道一直在四处寻找。可他领来一位又一位，都被苏格拉底婉言谢绝了。

半年之后，苏格拉底眼看就要告别人世，可最优秀的人选还是没有眉目。助手非常惭愧，泪流满面地坐在病床前，语气沉重地说："我真对不起您，令您失望了！"

"失望的是我，对不起的却是你自己。"苏格拉底说到这里，很失意地闭上眼睛，停顿了许久，才又无比哀怨地说，"本来，最优秀的就是你自己，只是你不敢相信自己，才把自己给忽略、给耽误、给丢失了……

"其实，每个人都是最优秀的，差别就在于如何认识自己，如何发掘和重用自己……"话没说完，一代哲人就永远离开了他曾经深切关注着的这个世界。

那位助手非常后悔，甚至自责了整个后半生。

故事微语

没有自信，触手可及的机会也会失去。助手既没有抓住最好最近最稳固的机会，自己极度悔恨，还伤了老师的心，让老人家抱憾而终。

自信的人才能够及时准确地判断客观情境，发现利弊，抓住机遇，避免无谓的浪费，富于效率。

自信为生活增添愉悦，消除怨气；增添勇敢，减少退缩；增添成熟理智，减少幼稚冲动。自信的度需要准确拿捏，太少便落入自卑，畏缩；过度又会狂妄自大，眼高手低，招致失败，挫减信心。

自信包含热情、热爱，热爱催生行动，正确的行动建立起信心。让心里充满爱，去做自己热爱的事情，积极主动建立自信心态。

自信来源于别人的肯定和自己的成功、成就，多多助人为乐，积极勤奋践行，自信心会大大增强。

自信的人积极阳光，如同太阳，得到他人的青睐与偏爱，增加自己的机会，精彩自己的生活。

不可逆转的成长进程中，一定要捡拾起并珍重可贵的自信美德，感受成长途中的美好，做成功者的候选人。

心灵箴言

先相信自己，然后别人才会相信你。

——[法] 罗曼·罗兰

坚决的信心，能使平凡的人们，做出惊人的事业。

——[新西兰] 马尔顿

有信心的人，可以化渺小为伟大，化平庸为神奇。

——[爱尔兰] 萧伯纳

这个世界上，没有人能够使你倒下，如果你自己的信念还站立的话。

——[美] 马丁·路德·金

征服畏惧、建立自信的最快最确实的方法，就是去做你害怕的事，直到你获得成功的经验。

——佚名

任何人都应该有自尊心、自信心、独立性，不然就是奴才。但自尊不是轻人，自信不是自满，独立不是孤立。

——徐特立

体会因谦虚带来的豁达之感

故事话题

京剧大师梅兰芳不仅精于京剧艺术，还是丹青妙手。他拜名画家齐白石为师，虚心求教，总是执弟子之礼，为白石老人磨墨铺纸，全不因自己是名演员而自傲。

有一次齐白石和梅兰芳同到一家做客，白石老人先到。他布衣布鞋，其他宾朋皆社会名流，或西装革履或长袍马褂，齐白石显得有些寒酸，受到冷落。

不久，梅兰芳到。主人高兴相迎，其余宾客也都蜂拥而上，一一同他握手。可梅兰芳知道齐白石也来赴宴，便四下环顾，寻找老师。

他看到冷落在一旁的白石老人，就挤出人群向画家恭恭敬敬地叫了一声“老师”，向他致意问安。

在座的人见状很惊讶，齐白石深受感动，几天后特向梅兰芳馈赠《雪中送炭图》并题诗道：

记得前朝享太平，布衣尊贵动公卿。

如今沦落长安市，幸有梅郎识姓名。

梅兰芳不仅拜画家为师，也拜普通人为师。有一次演完《杀惜》，在众多喝彩叫好声中，他听到有个老年观众说“不好”。

梅兰芳来不及卸妆更衣就用专车把这位老人接到家中，恭恭敬敬地说：“说我不好的人，是我的老师。先生说我不好，必有高见，定请赐教，学生决心亡羊补牢。”

老人指出：“阎惜姣上楼和下楼的台步，按梨园规定，应是上七下八，博士为何八上八下？”

梅兰芳恍然大悟，连声称谢。以后梅兰芳经常请这位老先生观看他演戏，请他指正，称他“老师”。

故事解析

《周易》中说：“人道恶盈而好谦”，《尚书》里有“满招损，谦受益”，真正的智慧总是与谦虚相连，伟大的人都是有着宽阔如海洋心胸的人。

了解得越多，反而会发现更为广阔无边的尚未被人类认知的区域，意识到自己的无知，故而会更加谦虚。这是被许多伟人验证过的客观规律。

京剧大师梅兰芳就是其中的一位。他沉浸于戏曲艺术，苦心孤诣地钻研，日复一日、坚持不懈地练功，兢兢业业地演出，开创了属于自己的戏曲时代。

但是他追求的脚步从不满足，积极吸收借鉴其他艺术门类的技巧方法，运用于自己的戏曲表演艺术，精益求精。他越是站在专业领域的巅峰位置，越是能够眺望到更加高远无边的群峰、天空，越是倍加谦虚。

无论老师是贫困，还是身份普通，他都是恭恭敬敬，由衷地表达感恩心态。他永远以学生的心态谦虚地学习、求教，充实了自己，丰富了人脉，赢得了世界。

成长本身就意味着有许多不足，需要学习的东西很多，应该保持谦虚的心态，培养善于学习的习惯，不断求索，积累人脉，积极创建自己的人生。

故事穿越

20 世纪中国作家和文化先驱之一蔡元培先生曾有过这样一件轶事。

一次伦敦举行中国名画展，组委会派人去南京和上海监督选取博物院的名画，蔡先生与林语堂都参与其事。

法国汉学家伯希和自认是中国通，在巡行观览时滔滔不绝，不能自已。为了表示自己的内行，伯希和不停地向蔡先生说："这张宋画绢色不错""那张徽宗鹅无疑是真品"，以及墨色、印章如何等等。

林语堂注意观察蔡先生的表情，他不表示赞同和反对意见，只是客气地低声说："是的，是的。"一脸平淡冷静的样子。

后来伯希和若有所悟，闭口不言，面有惧色，大概从蔡元培的表情和举止上他担心自己说错了什么，出了丑自己还不知道呢！

林语堂后来在谈到蔡元培先生时还就伯希和一事感叹说："这是中国人的涵养，反映外国人卖弄的一幅绝妙图画。"

故事微语

谦虚是中华民族的传统美德，蔡元培先生学养深厚，通身都彰示着民族优秀的文明基因。在不该过多言语的时候，惜字如金，任由一个外行夸口不止。

厚德载物，谦虚的品格让人虚怀若谷、诚恳待人，思虑周全；居安思危、暗夜思明，不屈不挠，适时出手，尽力而为。谦虚为人，不宠不娇，自然豁达，睿智坦荡。

谦虚就是放下身段，承认不足，积极求知，像布满空洞的海绵，随时吸进每一滴水，博采众长，不断成长。

承认所知有限，承认人格缺陷，承认品德蒙尘，把自己放在最低处，就无所畏惧，自在坦然，心无旁骛，只是专心于求教、进步，认真端正的态度为人称道，良师不穷，聚集了最多养分的树苗才会茁壮成材。

心灵箴言

越是成熟的稻穗，越懂得弯腰。

——谚语

强中更有强中手，莫向人前自夸口。

——谚语

好说己长便是短，自知己短便是长。

——申居郧

学问多深也别满足，过失多小也别忽略。

——谚语

我们知道的东西是有限的，我们不知道的东西是无穷的。

——[法] 拉普拉斯

构成我们学习最大障碍的是已知的东西，而不是未知的东西。

——[法] 贝尔纳

青年时期是豁达的时期，应该利用这个时期养成自己豁达的性格。

——[英] 罗素

成功的第一个条件是真正的虚心，对自己的一切敝帚自珍的成见，只要看出同真理冲突，都愿意放弃。

——[美] 斯宾塞

“空杯”心态仿佛灵魂的净化器

故事话题

哈佛大学的一个校长来北京大学访问期间，讲了一段自己的亲身经历。

有一年，校长向学校请了三个月的假，然后告诉自己家人，不要问我去什么地方，我每个星期都会给家里打个电话，报个平安。

校长只身一人去了美国南部的农村，尝试着过另一种全新的生活。他到农场打工，去饭店刷盘子。

在田地做工时，背着老板吸支烟，或和自己的工友偷偷说几句话，都让他有一种前所未有的愉悦。

刷盘子的工作只干了四个小时，老板就叫住了他，跟他结账：可怜的老头，你刷盘子太慢了，你被解雇了。

“可怜的老头”重新回到哈佛，回到自己熟悉的工作环境，以往再熟悉不过的东西重新变得新鲜有趣。工作成为一种全新的享受。

这三个月的经历，像一个淘气的孩子搞了一次恶作剧一样，让他品尝到人生久违的惊险和刺激。更重要的是，回到一种原始状态以后，就如同儿童眼中的世界，一切都那么焕然新生，不自觉地清理了原来心中积攒多年的“垃圾”。

老校长最后说：如果我们能够定期给自己复位归零，清除心灵的污染，才能更好地享受工作与生活。

故事解析

“空杯心态”就是将自己的心中的“杯子”倒空，将自己所在意的，所重视的，以及辉煌的历史，从心态上彻底清空，做到真正的不计较与放得下，才能吐故纳新，拥有全新的开始，更上一层楼。

昼夜交替、规律重复的时光，一成不变的工作职责，不能轻易改变的居所，意志再强大的人也不免倦怠、迟钝，老校长勇于调整自己，通过彻底的清空过去，回复最初的自我，让初时的锐意回归，以更好的面貌掀起全新的开始。

回复空杯需要勇气。过往的成绩、荣耀使人眷恋，习惯的安逸稳定不忍中断，一成不变就是守旧，必将为后来者取代，当变就变，变就彻底，回复空杯才能实现。

空杯心态是一种境界，“中国创新培训第一人”吴甘霖总结说，“空杯心态”是现今艰难就业与创业征途中走向胜利的法宝。

在离开学校步入社会的关头，空杯心态能够产生最大的效应。设置空杯心态，就容易接纳工作机会，早日投入自立的奋斗，不会浪费太多选择的时间。

成就大事者都是会主动空杯的人，轻装上阵，志在必得；空杯心态让你清楚自己的差距与不足，确立发力方向，增加成功的胜算。

故事穿越

一匹骏马在森林运动会上获得了“马拉松”比赛的冠军，但从此也就失去了它以往平静自在的生活，它的应酬之多，绝不少于奥运会冠军，大家给予它最好的礼遇和赞美。

猴子大款给它送来了黄金马掌，又大又厚，每一个有一斤多重，它穿上以后，每一步都能发出动人的音乐；狐狸省长给它换上了用珍珠金线编织成的华丽马鞍，披在背上闪闪发光。

它自己也觉得不再是一匹平常的马了，它找铁匠订制了一个圆圆的铁盒子专门放奖牌，然后用五彩的锦绳挂在脖子上！它就这样灿烂地披挂着奔波于各种隆重场合。

很快，一年过去，森林运动会又开始了，它雄赳赳地再次参加了比赛。跑了没有多久，它便气喘吁吁，身上的马鞍、脚上的金马掌和脖子上的铁盒子终止了它的脚步，众多对手在它身边呼啸而过。

故事微语

自满就会目光短浅，安于现状，懒惰懈怠，固步自封，自甘落后。这匹骏马就败在了自满，沉耽于过去的荣誉，不能自拔，以致失去了荣誉。

世界球王贝利进球记录满 1000 时，有人问他：“您哪个球踢得最好?”贝利笑了，意味深长地说：“下一个。”

不满足是向上的车轮。进取的路上永远不能满足于已有的成绩，要经常空杯，去承载更大的进步。唯如此，才能够最大限度地挖掘自己的潜能，成为真正、不可战胜的成功者。

佛教的教义可以归纳为一个字：空。是的，惟有一切归空，才能从世俗纷杂的桎梏中解脱出来，找到真正的自己。如果灵魂真实存在，应该是指人的心之所向，如果心态向空向善，就等于灵魂回归到平静而祥和。

空杯心态让人敢于放弃，彰显了无比的决心和信心。正值青春成长期的我们一切才刚刚开始，没有后顾之忧，没有什么放不下，勇敢地清空自己，开展更好更大的追求，以自己的汗水铺就自己人生的道路，一步一个台阶，直奔巅峰。

心灵箴言

人生的命运取决于你看过的书和你所见的人。

——[美] 安东尼·罗宾

我们的产品应该零库存，成功也应该“零库存”。

——张瑞敏

只管走过去不要逗留着去采了花朵来保留，因为一路上，还会有鲜花开放。

——[印度] 泰戈尔

任何停止学习的人都已经进入老年，无论他在 20 岁还是 80 岁；坚持学习的人则永葆青春。

——[美] 亨利·福特

人生在世——幼时认为什么都不懂，大学时以为什么都懂，毕业后才知道什么都不懂，中年又以为什么都懂，到晚年才觉悟一切都不懂。

——林语堂

很多人总是抱怨世界太小，无处施展自己的才华，其实不是世界太小而是我们把自己看得太大。当心中充满自己，就不会有别人的地方，世界就会很小，而自己放小，所有的人和事都能放下，世界自然就会变大。

——吴甘霖

第二篇

不惧坎坷：幸运和不幸组成了岁月如歌

岁月如同一首歌，有欢快的音符，也有忧伤的节奏。成长是最无畏的歌者，在平静中奋发，在奋发中平静，最终落幕成一个过程、一段阅历、一纸文字、一份答卷……

不完满才是人生的真谛

故事话题

当代土耳其国内首屈一指的超级富豪萨班哲，富可敌国。以他的姓氏字母“SA”开头的产业标志对于该国民众如同阳光一样，随处可见。

可是萨班哲却有一个怪癖。他供养了全国最好的漫画家，让他们在一个条件优越到奢侈的大厅自由创作。创作内容是萨班哲的肖像，但标准却是越丑越好。

谁能最准确地抓住他的丑陋之处，夸张地表现出来，谁就能得到巨额的奖励。大家竞相努力，不断发掘出他的缺陷、不足，然后艺术地放大，一颗小痣都能被演绎成乌鸦的脑袋。

一有闲暇时间，萨班哲就在画家们工作的大厅徜徉，一幅接着一幅、一张不落地欣赏，这令他着迷，他能看到美酒、鲜花、掌声、赞誉之外的自己。

公众对他的怪癖议论纷纷，进行了各种各样的猜测。一位心理专家一语道破天机：

萨班哲的做法在心理学中叫作心理体操。萨班哲既是幸运的，又有自己的不幸。这位超级富豪有一儿一女两个孩子，但都是弱智。

作为父亲，萨班哲是痛苦的，但无法回避。让画家无限挖掘自己的丑陋，是在逼迫自己接受最为真实的现实。

当一个人看到最丑的自己还能泰然自若的时候，还有什么可畏惧的呢。生活是不完美的，有着各式各样的缺陷，但每个人都必须接受，否则无法生活。

于是，萨班哲想到了让漫画家来画最丑的自己，并且是无限放大的，能够面对自己的丑陋不为所动，就是承认并接受了生活里面绝对永恒存在的缺陷，减免掉无法达到完美带来的遗憾苦痛。

故事解析

思想深度决定着生命的厚度。坦然接受生活的残缺，是生命最为宽广之时。

萨班哲的后代都是弱智，这是百万富豪扭转不了的事实，他选择去揭示自己的丑恶，锻炼脆弱的神经，才能与残酷的事实共存。

生活里的诸多不如意催动我们奋进的脚步，我们已经习惯于对完美的追求，即使已经步入衣食无忧、随心所欲的境界，还是会为不够尽善尽美而烦恼。

完美是不存在的，可以去了解成功人士的生活、人生，难道有完美的吗？何况我们普通人。以完美为终极目标的追求是无边的悬崖，不但不可

实现，还会痛苦万分，错失人生的美好。

人的精力有限，要把精力用在刀刃上，去尽力而为主要的事务，苛求事事完美既做不到也没必要。

成长也是一样的，不可能掌握所有本领，只能选择适合自己的少数几项，竭尽全力。其他的很多无法涉足的领域，只能抱着欣赏的态度，可远观而不可亵玩焉。

即使是自己选择的事务，能够做到第一的位置，距离事务完美状态永远会有差距。人生只可尽力，无法尽美。

接受不完满的定律，才能最真实地拥抱人生，拥抱自己人生的完满。

故事穿越

古时候，有一个老婆婆，她生有两个儿子，含辛茹苦地把他们养大成人。孩子们自立后，一个以卖布鞋为生，另一个以卖雨伞为生。

每当下雨的时候，老婆婆总会担心卖布鞋的儿子没生意；一旦天晴了，她又会担心卖雨伞的儿子没生意。

无论晴雨，她都忧心忡忡，没有开心的时候。她悲叹自己的命运，极度自卑，她的生活简直是在苟延残喘，随时有崩塌的可能。

一天，一位智者路过她家，天已经黑了，只好借宿一晚。吃过饭后，智者发现老人总是唉声叹气，盘问究竟。老人如实相告，并哀叹自己的命运。

智者却是淡淡一笑，爽朗地说：很好啊！两个儿子都做生意，经商很挣钱的啊！晴天可以卖布鞋，雨天很多人要雨伞，生意都让他们做了啊！哈哈，别人岂不是要没饭吃了！

智者一席言让老人一呆，想想真是这么回事呢，老人终于发自内心地笑开了花。从此，她的人生变得释然恬淡，她一直活到 102 岁。

故事微语

幸福满足并不是多么困难才能实现的，很多时候只要我们转换一下自己的思维角度。

老婆婆辛苦一生，晚年还为自己孩子的生存担忧，苦不堪言。然而，只要她将眼光落在相反的一面，却能够发现其实两个儿子的生存都有顺利、轻松的时候，并不全是艰难逆境。如此一来，老人家的心胸终于平淡下来，自己的人生也春光永驻。

凡事只想完美，只能永远痛苦，毫无乐趣可言。接受不完美的现实，积极发现生活的美，享受愉悦的人生，方是最为高明的态度。

成长过程中，不纠结于曾经的挫折，关注沿途美景，片刻驻足，涤荡心扉。轻松自在行走，成长之旅到处鸟语花香，心灵和身体的发展会更全面健康。

心灵箴言

金无足赤，人无完人。

——谚语

人有悲欢离合，月有阴晴圆缺，此事古难全。

——苏东坡

每个人都争取一个完满的人生。然而，自古至今，海内海外，一个百分百完满的人生是没有的。所以我说，不完满才是人生。

——季羡林

从某种程度上说，人生不完满是常态，而圆满则是非常态，就如同“月圆为少月缺为多”道理是一样的。如此理解世界和人生，那么我们就会很快变的通达起来，也逍遥自适多了，苦恼与晦暗也会随风而去了。

——林语堂

挫折能够帮助你更好地成长

故事话题

汉朝的匡衡少年时非常勤奋好学。由于家里很穷，所以他白天必须干许多活，挣钱糊口。只有晚上，他才能坐下来安心读书。不过，他又买不起蜡烛，天一黑，就无法看书了。匡衡心痛这浪费的时间，内心非常痛苦。

他的邻居家里很富有，一到晚上好几间屋子都点起蜡烛，把屋子照得通亮。

匡衡有一天鼓起勇气，对邻居说：“我晚上想读书，可买不起蜡烛，能否借用你们家的一寸之地呢?”

邻居一向瞧不起比他们家穷的人，就恶毒地挖苦说：“既然穷得买不起蜡烛，还读什么书呢!”

匡衡听后非常气愤，不过他更加下定决心，一定要把书读好。他回到家中，悄悄地在墙上凿了个小洞，邻居家的烛光就从这洞中透过来了。他借着这微弱的光线，如饥似渴地读起书来，渐渐地把家中的书全都读完了。

匡衡读完这些书，深感自己所掌握的知识是远远不够的，他想继续看多一些书的愿望更加迫切了。

附近一个大户人家，有很多藏书。一天，匡衡卷着铺盖出现在大户人家门前。他对主人说：“请您收留我，我给您家里白干活不要报酬。只是让我阅读您家的全部书籍就可以了。”主人被他的精神所感动，答应了他借书的要求。

匡衡就是这样勤奋学习，后来他做了汉元帝的丞相，成为西汉时期有名的学者。

故事解析

宝剑锋自磨砺出，梅花香自苦寒来。但凡有所作为的人物，都是困难和挫折磨炼出来的。

匡衡自小喜欢读书，家境贫寒，点不起灯，但他积极动脑筋，想出凿壁偷光的办法，克服了困难，传为佳话，之后他更加发奋苦读，直到把能够借到的书都读完。

然而那并不是全部，匡衡深知还有更多更好集中了人类智慧经验的书籍在等着自己，他便不惜到富贵人家免费打工，只求能看书，继续孜孜不倦的求学，终于成为一个有所作为的人物。

成长的道路荆棘丛生，挫折困难在所难免。这些挫折困难最能够锻炼意志，考验勇气与智慧。能够成功跨越一路的挫折困难，不为所阻，你已经掌握了成功的钥匙。

能够战胜挫折，需要对自己的梦想、目标有清晰明确的认识，在面对挫折时才有无畏的勇气，浑浑噩噩的人轻易就会被挫折拦阻，因为没有足够激起他奋起的目标、梦想做动力。

成长需要良师益友，但要能够接触到也是考验人的挫折，匡衡凭着对理想坚强的信念，仍然克服了问题。

胜利的桂冠是由荆棘编成的，成功的道路是由失败延伸而来的，经历失败原来就是一种成功，成功就是对挫折的不断克服，打开成功大门的钥匙就在对挫折的战斗中。

每个人都是珍贵的珠宝，只有勇于接受挫折困难的磨砺，才能绽放出夺目的光华，体现出真正的价值。

成长需要挫折的打磨，挫折是促进成长的利器，不断经受挫折，坚持下来，就是最好的成长。

故事穿越

一位远在大城市求学的儿子假期回到农村老家，经过田地时，发现地面很干旱，自家玉米地里的玉米长得很矮，可周围其他地里的玉米苗子已长得很高。

儿子一回家就找到化肥、挑起粪桶准备去施肥，却被父亲阻止了。

“玉米苗都旱了，比别人家的矮一大截呢！”儿子嚷嚷，“我回来了，也没什么事，能帮家里一点忙我才高兴。”

父亲笑了，说：“不是那个意思，是你不懂种庄稼。这叫控苗。玉米才发芽的时候，要旱上一段时间，让它深扎根，以后才能长得旺，才能抵御大风大雨。”

儿子恍然大悟。

过了个把月，有一天乌云密布，狂风骤雨的下了一天。待雨过天晴，儿子赶紧跑到地里。果然自家的玉米安然无恙，其他很多家都在忙着扶起被刮倒了的玉米。

故事微语

成长是不断战胜挫折的过程，这个道理适用于一切事物的成长。

玉米的成长也是一样的。不经受干旱，它的根须就不能更深地扎牢在土地内，一旦风雨来临，很容易就击垮了它虚弱的茎秆。

只有对挫折的不断胜利才能保证成长的扎扎实实，坚强不倒。挫折是成长必须的基石，没有挫折的成长只能是虚妄的，不会结出沉甸甸的果实。

挫折可能造成伤害，却留下了宝贵的人生经验。要小心谨慎避免伤害，更要牢记痛苦的教训，避免低级、愚蠢的第二次重复受伤。

成长时期应该多多关注他人、世界，关注更多的世间存在的挫折和困难，关注人类已经有的经验办法，既是很好的学习，还能够避免自己经受太多无谓的挫折和伤害。站在前人宝贵经验认知的前进才是更为高明、理智的。

勇者视挫折为走向成功的阶梯，弱者视之为绊脚石。勇敢的人会踏着挫折的台阶一步步达到成长的巅峰，更快进入成熟的新境界，开启全新的旅途。

心灵箴言

生于忧患，死于安乐。

——孟子

人要经过一番苦难才能成才。

——芬兰谚语

被克服的困难就是胜利的契机。

——[英] 丘吉尔

我以为挫折、磨难是锻炼意志、增强能力的好机会。

——邹韬奋

一切幸福都并非没有烦恼，而一切逆境也绝非没有希望。

——[法] 培根

曾经的绝望，应被好好珍藏

故事话题

新东方创始人俞敏洪曾经三年高考两次落榜，第三年一举考上北京大学西语系。

考上北大之后却很快陷入痛苦。班里只有他一个农村学生，不会说普通话，衣着土气十足，知识面窄，不善与人交流，最要命的是大三时患肺结核不得不休学一年。

毕业后留校任教，在北大长达六七年的时间内默默无闻，甚至没有谈上一次恋爱。

1988 年，同学纷纷出国，俞敏洪也把出国当成目标，结果连考三年，即使托福和 GRE 全部过关，终于还是没能联系到一家愿意接收他的大学，出国梦想破灭。

出国未成的代价是经济的窘迫，俞敏洪只好为校外培训机构教课赚点“外快”，被北大发现并毫不客气地通报批评，颜面尽失之下愤而辞职。这时突然发现人生带了点走投无路的感觉，俞敏洪在笔记本上写下这样一句：“每一种绝望的背后都蕴藏着另一种希望！”

大学时的自卑使他充分利用时间，别人娱乐休闲时他拼命读书，写诗歌、写散文，练就了优美的文笔；出国未成，但三年中积累的丰富的考试经验和对出国流程的熟悉，使他看到自己在出国培训行业方面的优势，这促使他于 1993 年创办了新东方。

所以俞敏洪说，新东方是自己出国梦想的“废墟”上长出的一棵新苗，对一次次绝望境遇的突破令它茁壮。

故事解析

俞敏洪个人最喜欢的是教书，但只是教书别的都不去做，新东方就不会有发展。他对自己不断突破的过程带给他最好的东西，不是财富，而是领悟、体会、感觉、思考，是历经磨练后达到的平和心态。

任何一次更大成功的背后，都可能意味着更大的失败，但是有了这种比财富更重要的心态，任何失败都不足为惧，也许这就是他“绝望中寻找希望”的秘诀所在。

人生中，无论谁都会遇到或多或少的失意、失败乃至绝望的境地，但是，无论如何，人不能放弃自己。

因为这世界上没有绝对的绝望，绝望中也有希望在成长，只要坚持不放弃，绝望中的希望就会最终转化为看得见的希望。

很多时候，我们眼中的绝望，不过是冬天的树，只是在等待合适的温度、光照和水分。

故事穿越

有一天某个农夫的一头驴子，不小心掉进一口枯井里，农夫绞尽脑汁想办法救出驴子，但几个小时过去了，驴子还在井里痛苦地哀嚎着。

最后，这位农夫决定放弃，他想这头驴子年纪大了，不值得大费周章去把它救出来，不过无论如何，这口井还是得填起来。于是农夫便请来左邻右舍帮忙，准备将井中的驴子埋了，一举两得。

农夫的邻居们人手一把铲子，开始将泥土铲进枯井中。当这头驴子了解到自己的处境时，刚开始哭得很凄惨。但出人意料的是，一会儿之后这头驴子就安静下来了。农夫好奇地探头往井底一看，出现在眼前的景象令他大吃一惊：

当铲进井里的泥土落在驴子的背部时，驴子的反应令人称奇——它将泥土抖落在一旁，然后站到铲进的泥土堆上面！

就这样，驴子将大家铲倒在它身上的泥土全数抖落在井底，然后再站上去。很快地，这只驴子便得意地上升到井口，然后在众人惊讶的表情中快步地跑开了！

故事微语

一头老驴教会了我们一个很好的面对绝望的办法：把绝望踩在脚下，踏着绝望重生。

很多时候，人生的困难那么巨大，令人绝望。很多人选择了退却，而这头老驴却成功战胜了绝望的处境，而且战胜的过程看起来并不艰难，反而是轻松有趣的。

老驴的秘诀是什么？被逼到穷途末路时的急中生智，对1%希望的100%努力和坚持。物极必反，在绝望的境地，最能够激发人背水一战的决心，突破常规思维，用尽所有办法，加上不懈的坚持，就能够从绝望中走出来。

能够经历绝望而不倒，获得新生，就是生活的成功者。这份经历是自己收获的巨额财富，需要额外珍重，牢固收藏。

成长中的绝望在人生之初带给自己深刻的教训和记忆，怀揣这些财富，就能够进入新阶段的成长，领先他人。

心灵箴言

世上没有绝望的处境，只有对处境绝望的人。

——[德] 古德里安

一个人最大的破产是绝望，最大的资产是希望。

——[美] 约翰·肯尼迪·图尔

只有一条路不能选择那就是放弃的路；只有一条路不能拒绝那就是成长的路。

——佚名

当你感到悲哀痛苦时，最好是去学些什么东西。学习会使你永远立于不败之地。

——佚名

伟人之所以伟大，是因为他与别人共处逆境时，别人失去了信心，他却下决心实现自己的目标。

——任雷

在艰苦中成长成功之人，经常由于心理的阴影，会致使变态的偏差。这类偏差，便是对社会对人们始终有一种敌视的敌意，不相信任何一个人，更不同情任何一个人。爱钱如命的悭吝，还是心理变态上的次要现象。相反的，有器度有见识的人，他固然从艰苦困难中成长，反而更具有同情心和慷慨好义的胸怀。由于他知道人生，知道世情的甘苦。

——南怀瑾

不屈服于伤痛，灵魂永远美丽

故事话题

1864年9月3日这天，寂静的斯德哥尔摩市郊，突然爆发出一连串震耳欲聋的巨响，霎时间那里浓烟冲天，火苗猛窜。

事故现场旁边，诺贝尔面无血色，浑身不住地颤抖。他眼睁睁地看着自己所创建的硝化甘油炸药的实验工厂化为灰烬。他的弟弟和4名朝夕相处的助手都葬身火海。

诺贝尔的母亲得知小儿子惨死的噩耗，悲痛欲绝。年老的父亲因刺激太大引起脑溢血，从此半身瘫痪。

惨案发生后，警察当局立即封锁了出事现场，并严禁诺贝尔恢复自己的工厂。人们像躲避瘟神一样避开他，再也没有人愿意出租土地让他进行如此危险的实验。

沉重的打击并没有使诺贝尔退缩。几天以后，他在远离市区的马拉仑湖的一只平底驳船上继续自己的试验。

大无畏的勇气往往会令死神也望而却步，他最终发明了雷管。雷管的发明是爆炸学上的一项重大突破。接着，他在德国的汉堡等地建立了炸药公司。

一时间，诺贝尔生产的炸药成了抢手货，源源不断的订货单从世界各地纷至沓来，诺贝尔的财富与日俱增。

诺贝尔把挫折踩在了脚下，赢得了巨大的成功。他一生共获专利发明权355项。他用自己的巨额财富创立的诺贝尔奖，被全世界视为一种至高无上的荣誉。

故事解析

王尔德说过，痛苦属于美丽灵魂。成长的不是时间，是磨难。成长是一种痛，但不要伤痕累累。

最痛苦的经历方能给予你最大的启迪。诺贝尔经受了那么大的伤痛，反而促使他更加珍惜、努力，开创了爆破业的新进程，获得巨大成功。经由奖励基金的设立，永久地延续了生而为人的崇高灵魂。

因为有死亡，生命才凸显珍贵，因为历经挫折，成果才更加完满，失败只能教成功更有意义。勇敢面对苦难吧，会让你拥有更多财富去接受生活无穷无尽的挑战。

要想感受深切，就须感受一切，有所选择地感受是不可能的。成长中的痛苦令人感叹，受益匪浅，耐人寻味，可细细品悟。在成长过程中需要这样的情感经历，来建立起耐心，毅力和能力，为今后要投入的艰苦人生做准备。

在感受之中发现自己和他人，探索完满而有意义的生活的可能性。

流星的光辉来自星体的摩擦，珍珠的璀璨来自贝壳的血泪。人生自苦难开始，只有在痛苦与磨难中才会诞生灵魂的歌声。

故事穿越

米奇·阿尔博姆是美国的一位体育专栏的主持人，莫里·施瓦茨是他读大学时带给他许多思想的教授。

米奇毕业15年后的一天，偶然得知莫里·施瓦茨罹患绝症，来日无多。老教授希望把自己许多年来思考的一些东西传播给更多的人。

米奇·阿尔博姆再次成为老人的学生，唯一的，他们相约每个星期二上课。之后的14个星期，米奇每周飞越700英里去上课。

他们聊人生的构成，如何面对他人、爱、恐惧、家庭，以及感情及婚姻，金钱与文化，衰老与死亡，最后一堂课是莫里老人的葬礼。

整个事情的过程构成了一本叫作《相约星期二》的书。莫里老教授在生命的最后花费了大量的医药费，欠了很多债，米奇写这本书是为了将稿酬偿还债务。

老师最后的人生课震撼着作者，也借作者的妙笔，感动整个世界。书在全美各大图书畅销排行榜上停留四年之久，被译成包括中文在内的31种文字，成为近年来图书出版业的奇迹。

故事微语

塞翁失马，焉知福祸。得到与失去，痛苦与价值，成长与磨难，这就是人生路上的风景。

莫里·施瓦茨来日无多，但他积极找到米奇?阿尔博姆，在最后的日子播洒生命最后的余热。他美好无私的奉献将他生的痛苦化为灵魂的蝴蝶，翩翩起舞，为后人讲述警世醒言，让人们感慨震动。

有志不在年高，无志空活百岁。稚鹰成长为翱翔蓝天的苍鹰，是何等的壮观，但是也要经历被父母摔落山崖的打击。百花齐放是多么的鲜艳，可是又有谁看到了它们从含苞待放的花蕊到百花齐放的美景经历了多少风吹雨打的艰辛，付出了多少韬光养晦的时间。

人这一辈子都会经历各种伤痛，怎样去消化和释放对于每个人来说方法都不尽相同，但最终的目的只有一个，走出伤痛的阴影，塑造美丽的自我。

坚强的人面对伤痛会选择勇敢面对，因为对周围关爱他的人来说是无限的安慰。苦痛是一种人生经历，更是一种财富，睿智的人不会沉沦于伤痛。

一个无论在怎么样艰苦卓绝的环境里，都凭着自己的勇气、毅力和智慧进行奋勇抗争的勇士，是一个捍卫了“人的灵魂的尊严”的人。

伤痛可以化作美丽。

心灵箴言

挫败让人坚强，伤痛使人清醒。

——谚语

追求幸福，免不了要触摸痛苦。

——[英] 霍尔特

纵然泪再怎么流淌，都要忘记伤痛。

——佚名

令你忍受痛苦的事情，可能令你有甜蜜的回忆。

——[法] 福莱

适当的悲哀可以表示感情的深切，过度的伤心却可以证明智慧的欠缺。

——[英] 莎士比亚

我们每一个人的成长是在美丽当中成长，也在丑恶当中成长。但是我们可以把那丑恶的回忆成为一种美丽，把所有的伤痛化为一种毅力，物不经冰霜则生亦不固，人不经忧患则德惠不成，就是这个道理。

——刘墉

彩虹只出现在风雨之后

故事话题

鉴真大师刚刚遁入空门时，寺里的住持让他做了谁都不愿做的行脚僧。

有一天，日已三竿了，鉴真依旧大睡不起。住持很奇怪，推开鉴真的房门，见床边堆了一大堆破破烂烂的瓦鞋。

住持叫醒鉴真问："你今天不外出化缘，堆这么一堆破瓦鞋做什么？"

鉴真打了个哈欠说："别人一年一双瓦鞋都穿不破，我刚剃度一年多，就穿烂了这么多的鞋子。"

住持一听就明白了，微微一笑说："昨天夜里落了一场雨，你随我到寺前的路上走走看看吧。"寺前是一段黄土坡，由于刚下过雨，路面泥泞不堪。

住持拍着鉴真的肩膀说："你是愿意做一天和尚撞一天钟，还是想做一个能光大佛法的名僧？"

鉴真答："想做名僧。".

住持捻须一笑："你昨天是否在这条路上走过？"

鉴真说："当然。"

住持问："你能找到自己的脚印吗？"

鉴真十分不解地说："昨天这路又干又硬，哪能找到自己的脚印？"

住持又笑笑说："如果今天我们在这路上走一趟，你能找到你的脚印吗？"

鉴真说："当然能了。"

住持听了，微笑着拍拍鉴真的肩说："泥泞的路才能留下脚印，世上芸芸众生莫不如此啊。那些一生碌碌无为的人，不经历风雨，就像一双脚踩在又平又硬的大路上，什么也没有留下。"

鉴真欣然领悟。

故事解析

是啊，只有那些在风雨中走过的人们，才知道痛苦和快乐究竟意味着什么。那泥泞中留下的两行印迹，就证明着他们的价值。

世事沧桑，时空轮转，在人类历史的进程上能够留下自己脚印的人，只是因为在风雨飘摇中他们仍在行走，他们是不畏风雨的强者。

“不经历风雨，怎能见彩虹”，任何一种成就的取得都要经由艰苦的磨炼。任何投机取巧或妄图减少奋斗而达到目的的做法都是拔苗助长般愚蠢的行为，落于失败。

香甜的果实，都是勇士战胜艰难险阻，用自己的血汗浇灌的。我国第一部纪传体史书《史记》，就是司马迁在遭受宫刑之后，身心受到极度摧残的情况下完成的。

在人生的旅途上总是欢乐与悲伤并存，顺利与挫折交错，顺心和失意重叠。特别是那些有作为的人，在前进的道路上，常常是先有“山重水复疑无路”的逆境，几经奋斗，才迎来了“柳暗花明又一村”的坦途。

踏上人生路的一开始就要认清这一点：要成功并不容易。想要获得成功就得要有战胜困难挫折的勇气和信心。

坚强成长就是经历风雨，完成后会看到日上晴空，美丽彩虹。

故事穿越

生物学家说，飞蛾在由蛹变茧时，翅膀萎缩，十分柔软；在破茧而出时，必须要经过一番痛苦的挣扎，身体中的体液才能流到翅膀上去，翅膀才能坚韧有力，才能支持它在空中飞翔。

一天有个人凑巧看到树上有一只茧蠕动，好像有蛾要从里面破茧而出，于是他饶有兴趣地准备见识一下由蛹变蛾的过程。

但随着时间一点点过去，他变得不耐烦了，只见蛾在茧里奋力挣扎，将茧扭来扭去的，但却一直不能挣脱茧的束缚，似乎是再也不可能破茧而出了。

最后，他的耐心用尽，就用一把小剪刀，把茧上的丝剪了一个小洞，让蛾摆脱束缚容易一些。果然，不一会儿，蛾就从茧里很容易地爬了出来，但是它身体非常臃肿，翅膀也异常萎缩，耷拉在两边伸展不起来。

他等着蛾飞起来，但那只蛾却只是跌跌撞撞地爬着，怎么也飞不起来，又过了一会儿，它就死了。

故事微语

蝴蝶能够振翅飞翔，在于它之前的努力破茧。努力破茧才能让新生的翅膀强壮有力，带动身体翱翔。

遇到困难退缩，绕行，什么努力、挣扎都躲过，臂膀不会拥有力量，一旦再有风吹草动，就能轻易叫你一败涂地。

人生不能逃避苦难挫折，就如麦粒需要日晒、风吹、雨打的一系列考验才能变成丰盈饱满的果实。一个过于平坦顺利的人生，无异一场灾难，没有优胜劣汰的竞争，等待人类的就是退化，发展停滞，乃至灭亡。

什么困难都会有雨过天晴的一天。每个人在面对挑战时都必须勇敢面对，克服困难，迎来风雨后的彩虹。

你战胜了苦难并远离了苦难，只有在这时，苦难才是你值得骄傲的一笔人生财富，才是你人生中经过历练后的飞翔！

认真审视自己的内心，总会欣然发现，点燃自己灵魂之光的，往往正是一些当时被视为磨难和困苦的境遇或事件。

真正的成长，一定会伴随不停的历练，方能品尝丰硕的成果。

心灵箴言

只要能收获甜蜜，荆棘丛中也会有蜜蜂忙碌的身影。

——谚语

志在峰巅的攀登者，不会陶醉在沿途的某个脚印之中。

——佚名

海浪为劈风斩浪的航船饯行，为随波逐流的轻舟送葬。

——谚语

人生应该如蜡烛一样，从顶燃到底，一直都是光明的。

——萧楚女

人的一生可能燃烧也可能腐朽，我不能腐朽，我愿意燃烧起来！

——[苏联] 奥斯特洛夫斯基

生活的激流已经涌现到万丈峭壁，只要再前进一步，就会变成壮丽的瀑布。

——佚名

第三篇

学会交际：有他人在，你才能触摸到幸福

交往能力是现代人必须具备的基本素质之一。良好的人际关系，让人精神愉快，乐观自信，从而正确认识、对待各种现实问题，化解学习、生活中的各种矛盾，形成积极向上的优秀品质。

幸福的定义其实很简单，只要你把握了正确的朋友，对关心你的家人说一句感谢的话，甚至去帮助别人，看到别人的笑脸时，就会感到幸福。

把注意仪表当成日常习惯

故事话题

孙中山先生是中国近代民主主义革命的开拓者，首举彻底反封建的旗帜，在历史上留下了不可磨灭的功勋。他还是文明礼貌的坚定倡导者、践行者、楷模，对此专门提出“诚中形外”的观念。

1911 年底，辛亥革命胜利，孙中山归国。革命的胜利带来了新的问题，对于全新的国民政权需要很多新的做派，首先衣冠服饰要彻底更新。

为此，孙先生特地跑到上海市的荣昌祥呢绒西服号定制自己设想的新式服装。他拿来了一套日本陆军的士官服，提出以这套服装为基础，做一套直翻领有袋盖的四口袋服装。

越南华侨巨商黄隆生先生接待了他，按照他的要求进行了专业的设计，并专门取名为“中山装”。荣昌祥很快做出了一套成衣。

这款新服装造型大方朴实，结构严谨持重，受到广泛欢迎，于 1929

年被确定为新政权执政者的礼服。

当时制定的宪法明确规定，凡特、简、荐、委四级文官宣誓就职时，一律要穿中山装，春、秋、冬三季用黑色，夏季用白色。

中山装收紧颈部的衣领是一种压力与危机的象征；前襟的四只口袋标志着礼、义、廉、耻的儒教思想，袋盖做成倒山形笔架式，称为笔架盖；门禁有五粒钮扣，象征五权宪法（五权即“行政、立法、司法、考试、监察权”）；袖口的三粒钮扣则寓示着民族、民权、民生的三民主义原则。

中山装从整体上看，严谨、平实、端庄，给人以信心和力量。

故事解析

仪表是一个人精神面貌和内在素质的外在表现，也反映了一个人的性格、气质、审美情趣和道德修养。

中山装的故事告诉我们仪表多么重要，它能够反映一个人的观念、态度、立场，甚至代表一个国家、民族的精神面貌。

在人际交往中，着装在一定程度上反映一个人的阅历修养、文化品位和审美情趣，也体现着所在民族的习俗、社会的风尚、个人的地位和身份等，是个人礼仪的重要体现，也是事业成功者的基本素养。

注重仪表是自尊自爱的表现，绝不是无关紧要的事情。在与人交际的过程中，这是一张没有文字却形象生动的名片。

仪容仪表虽是个人行为，但更是对别人的尊重。

戴尔·卡耐基的《成功之路》及吉米道南与约翰麦克斯韦尔合著的《成功的策略》都导出同一条公式：个人成功 =15%的专业技能 +85%人际关系和处世技巧。

成长中，需要通过人际交往活动，获得友谊，慢慢实现从“依赖于人”到“独立”人的转变。礼仪仪表的优秀能够极大地帮助这一过程的尽快完成。

礼仪仪表都是容易做到的细节问题，而做好这个环节会让成长必须的交际事项事半功倍。

故事穿越

美国成功学家拿破仑·希尔说：“一个人能否成功，关键在于他的心态。”成功人士都有一种积极的心态，而仪表正是这种积极心态的外在表现。

优雅得体的仪表能够增强人的自信，从而以奋发、进取、乐观的心态，去面对现实，处理人生所遇到的各种问题，这样就会受到社会各界人士的青睐。

1960年9月，尼克松和肯尼迪二人举行竞选总统的第一次辩论。当时两个人的声望与才华不相上下。据大多数评论员估计，尼克松是经验丰富的“电视演员”，击败缺乏电视演讲经验的肯尼迪是在情理之中的事情。

然而，事实却出人意料，肯尼迪最终获胜。这是为什么呢？因为尼克松没有听从电视导演的劝告，再加上他精神疲惫，委靡不振，面部化妆又用了深色的粉底，在屏幕上显现出一副疲惫不堪、愁眉苦脸的样子，最终导致竞选失败。

而肯尼迪竞选之前做了大量的准备工作，还到海滩晒太阳，养精蓄锐。结果，当他出现在电视屏幕上时，红光满面、精神焕发，演讲论辩谈吐自如，最终成功夺取桂冠。

由此可见，仪表的差异对比，能决定一个人事业的成败。

故事微语

现代社会竞争日益激烈，所以无论你将从事什么行业，无论你将身居什么位置，在和别人的交往中，都要重视礼仪。

每个人都喜欢和举止大方，行为优雅，懂得礼仪的人做朋友，进行业务往来。仪容礼节仿佛春雨润物，无声却意义重大。

生活中，一个人的形象是一封无字的介绍信，人们通过你的语言、行为、仪表就能判断出你是一个什么样的人。

仪表端庄已经成为人们的口头禅。素质与修养可以经由仪表得到很好的体现，仪表端庄的人往往具有很好的教养。

成长路上，许多人因为不注重仪表，在社会交往中屡屡碰钉子，为进取制造很多麻烦。只要花费不多的心思就能够做到的礼仪仪表问题不应成为羁绊，否则会特别遗憾。

就好像尼克松在重要的总统竞选中，败在仪表这样的小问题上，将是件多么让人气恼的事情。

文明礼貌不仅给他人给社会带来愉快和谐，也能创造充满爱心的环境，还能给自己带来温馨，带来快乐。

心灵箴言

欲影正者端其表，欲下廉者先己身。

——桓宽

不要人夸颜色好，只留清气满乾坤。

——王冕

礼节及礼貌是一封通向四方的推荐信。

——[西班牙] 伊丽莎白

国尚礼则国昌，家尚礼则家大，身尚礼则身正，心尚礼则心泰。

——颜元

学礼完善自我，懂礼形神俱佳，守礼诚信社会，用礼耀我中华。

——赵书

面必净，发必理，衣必整，纽必结；头容正，肩容平，胸容宽，背容直；气象勿傲、勿暴；颜色宜和、宜静、宜庄。

——南开中学镜铭

懂得礼仪，高雅地推开社交之门

故事话题

北京有一家外资企业招工，对学历、外语、身高、相貌的要求都很高，但薪酬不菲，所以有很多高素质人才都来应聘。

其中一些年轻人，过五关斩六将，到了最后一关：总经理面试。他们想，这很简单，只不过是走走过场罢了，已经十拿九稳了。

没想到，这一面试出问题了。

双方一见面，总经理就说："很抱歉，年轻人，我有点急事，要出去10分钟，你们能不能等我？"

年轻人说："没问题，您去吧，我们等您。"

老板走了，年轻人一个个踌躇满志，得意非凡。他们闲不着，围着老板的大写字台看。只见上面文件一摞，信一摞，资料一摞。

年轻人你看这一摞，我看这一摞，看完了还交换：哎哟，这个好看。

十分钟后，总经理回来了，说："面试已经结束。"

"没有啊？我们还在等您啊。"

老板说："我不在的这一段时间，你们的表现就是面试。很遗憾，你们没有一个人被录取。因为，本公司从来不录取那些乱翻别人东西的人。"

哎呀，这些年轻人一听便悔恨得捶胸顿足。他们为什么这么感慨万千呢？

他们说："我们长这么大，就从来没听说过不能乱翻别人的东西。"

故事解析

礼仪是交际生活的钥匙。做得不好就无法踏入心仪的领地。

成长中进入社会的主要途径，无外乎参加社会工作，用自己的劳动自立生存。过关斩将的几个优秀应聘者，却因为礼仪的不周，将自己留在了社会大门之外。

礼仪包含施礼者和受礼者的双向情感交流，充满人情味，最主要体现在双方的互相尊重，即对人的普遍尊重，包括对个性、地位、历史、外貌、性别、年龄、选择等的尊重。

这是一种尊重互换，情感互动。孔子的“己所不欲，勿施于人”，就是尊重礼仪的基本信条。

而要对人表示尊重，就必须约束自己，并设身处地为他人着想，考虑对方的需求和愿望，才能理解、体谅别人，最终达到尊重他人的目的。

礼仪是属于社会的，社会之外无所谓礼仪。人在社会生活中需要交往，需要合群。礼仪规范的形成，是人们在社会交往过程中、反复的生活实践中形成的，并通过某种风俗、习惯和传统的行为方式固定下来。

遵循它，就会得到社会的认可，生活也会变得更加得体，顺畅；违背它或偏离它，往往会遭到社会习俗的惩罚，甚至会付出惨痛的代价。

故事穿越

一家日资公司的公关部招聘一位职员，许多人参加了角逐。公司的面试和笔试都十分繁琐，一轮一轮地淘汰下来，最后只剩下5个人。

5个人个个都优秀，外表、学识素养都出色，都来自名牌大学。公司通知5个人，聘用哪个人还得由日方经理层会议讨论后才能决定。于是5个人安心地回家，等待公司最后的决定。

几天后，其中一位姓刘的小姐电子邮箱里收到一封信，信是公司人事部发来的，内容是：

“经过公司研究决定，你落聘了，但是我们欣赏你的学识、气质，因为名额有限，实是割爱之举。公司以后若有招聘名额，必会优先通知你。你所提交的资料录入电脑存档后，不日将邮寄返还于你。

“另外，为感谢你对本公司的信任，特另外寄去本公司产品的优惠券一份。祝你开心。”

刘小姐在收到电子邮件的一刻，知道自己落聘了，十分伤心，但又为其诚意所感动。两天后，她收到了寄给她的材料和一份优惠券。刘小姐在感动之余，顺手花了3分钟时间用电子邮件给那家公司发了一封简短的感谢信。

出人意料的是，两个星期后，那家日资公司给她打来电话，说她已被正式录用为该公司职员。

后来，她才明白，这是公司最后的一道考题。公司给其他4个人也发了同样的电子邮件，也送了优惠券，但是回信感谢的只有她一个。

她能胜出，只不过因为多花了3分钟时间去感谢。

故事微语

俗话说"良言一句三冬暖，恶语伤人六月寒"，礼仪特别重要。

近年，毕业生就业形势很不乐观，很多刚出校门的学子抱怨自己生不逢时、背景不硬，但很多时候还是自己做得不到位，才屡遭拒绝。

故事中的刘小姐仅仅是比其他应聘者多花3分钟回复了一封感谢信，而且还是极为方便的电子邮件形式，却成为理想职位的唯一中选者。

礼仪仪表，这样边边角角的小问题在关键时刻却会成为决定成败的最后一根稻草。为避免意外，最好的做法是养成良好的礼仪习惯，融进日常的生活中。

自信是社交场合中一份很可贵的心理素质，能在交往中不卑不亢、落落大方，遇到强者不自惭，遇到艰难不气馁，遇到侮辱敢于挺身反击，遇到弱者会伸出援助之手。

平等也是交往的重要准则。不骄狂，不厚此薄彼，不以貌取人，处处时时平等谦虚待人，才能结交更多的朋友。

心灵箴言

不学礼，无以立。

——论语

礼者，人道之极也。

——荀子

从容不迫的举止，比起咄咄逼人的态度，更能令人心折。

——三毛

社交的秘诀，并不在于讳言真实，而是在讲真话的同时也不激怒对方。

——[日] 狄原塑太郎

礼仪是在他的一切别种美德之上加上一层藻饰，使它们对他具有效用，去为他获得一切和他接近的人的尊重与好感。

——[德] 洛克

善于发现别人的闪光点

故事话题

有个少年认为自己最大的缺点是胆小，为此他很自卑，没有朋友，常常觉得自己的前途没有一点希望。

一天，少年鼓起勇气去看心理医生。医生听了他结结巴巴的诉说后，握住他的手，笑着说："这怎么是缺点呢？分明是个优点嘛！你只不过非常谨慎罢了，而谨慎的人总是很可靠，很少出乱子的。"

少年有些疑惑："那么，勇敢反倒成为缺点了？"

医生摇摇头："不，谨慎是优点，而勇敢是另外一种优点。只不过平时人们更重视勇敢这种优点罢了，就好像白银与黄金相比，人们更注重黄金。"

少年内心颇为宽慰，眉头有些舒展。

医生问少年："你喜欢啰嗦的人吗？"

"不喜欢。"

"但是你若看过巴尔扎克的小说，就会发现这位伟大的作家很啰嗦，他常为一间屋子、一个小景色，婆婆妈妈地讲个不休。但是若剔除了这些，那就不是巴尔扎克的小说了，你能说那一定是巴尔扎克的缺点吗？"

少年笑了。

医生又问道："你讨厌酒鬼吗？"

"当然。"

"李白难道不是酒鬼吗？"

"不是！他和陶渊明一样，是爱喝酒的诗人，'李白斗酒诗百篇'呢！"

医生鼓掌笑道："对！我赞同你的观点，你的意思是说，缺点在不同的人身上，会呈现不同的色彩：有的酒鬼，仅仅是个酒鬼，而李白则是一个栖身于酒中的诗仙。同样是胆小，如果你是战士，显然是缺点；如果你是司机，肯定是优点。要多想办法增长自己的学识，眼界宽阔了，很多问题会迎刃而解。"

故事解析

这是一个成长中的故事，少年被自己的想法困扰着，裹足不前。而医生却非常善于发现人的优点，他把少年胆小的特点看作是小心谨慎的优点，消除了少年的烦恼；然后医生进一步开导少年，教会他用开阔的视野看问题，专注于成长。

很多人在成长途中会为各种问题纠结，因为想不通而郁郁不前。对于优缺点的问题，正像医生所说，不存在所谓优缺点，只存在特点，在不同的情况下，每个特点都有可能变成闪光点。

为人处事，应该擅于发现别人的闪光点，而不是囿于陈旧观念，随便指摘别人的某个特点。

聪明人会用欣赏的眼光去细心观察周围的世界，明媚的阳光，鲜艳的花朵，翠绿的山野……一点一滴，人间处处美如画！他的双眼像摄像机，把人间所有的美好瞬间捕捉；他的眼睛像扫描仪，能很快发现每个人身上的闪光点！

一声问候就是一缕温暖人心的阳光，一个祝福就是催人奋进的鼓点，一句赞美就是一只激流勇进的风帆！时时刻刻用真心去钦佩，用真诚去拥抱，用真挚去祝愿！

一个人多发现他人的闪光点，多赞美别人，能够使自己的环境无限美好，身处其中，其乐融融！

故事穿越

有个法国的青年穷困潦倒，流浪到巴黎。他去拜访父亲的朋友，希望对方能帮自己找一份工作。

“数学精通吗?”父亲的朋友问他。

青年羞涩地摇头。

“历史、地理怎么样?”青年还是不好意思地摇头。“那法律呢?”青年窘迫地垂下头。“会计怎么样?”

父亲的朋友接连地发问，青年都只能以摇头作答——自己似乎一无所长，连一丁点儿优点也找不出来。

“那你先把自己的住址写下来吧，你是我老朋友的孩子，我总得帮你找一份差事做呀。”

青年羞愧地写下了自己的住址，急忙转身要走，离开这个令自己深感耻辱之地，可是却被父亲的朋友一把拉住手臂：“年轻人，你的名字写得很漂亮嘛，这就是你的优点啊，你不该只满足找一份糊口的工作。”

把名字写好也算一个优点?青年在老人眼里看到了肯定的答案。

哦，我能把名字写得让人称赞，那我就能把字写漂亮;能把字写漂亮，我就把文章写得好看、引人入胜……受到初步肯定和鼓励的青年，把自己的优点置于放大镜下，想着想着，兴奋得他脚步轻松起来。

数年后，这个原来沮丧失望的青年果然写出享誉世界的经典作品——他就是家喻户晓的法国18世纪著名作家大仲马。

故事微语

没有一技之长，在年轻的大仲马就要完全对自己丧失信心的时候，他父亲的朋友却发现了他的一个闪光点，提醒他珍视。后来大仲马果然依靠写作成就了一番事业。

三人行，必有我师。“闪光点”之所以能打动人，是因为他们源自于大家身边，有血有肉、生动鲜活。

在很多不引人注目的岗位上，在历史长河里只是一瞬，而在人生旅程中却是弥足珍贵的一段岁月。很多人心无旁骛地将人生最美好时光聚集在一个点，挥洒了自己的价值，成为滚滚前进的发展进程中的一份子，这种敬业的精神就是他们身上的闪光点，令人惊叹。

成长需要擅于发现的眼睛，看到其他人的闪光点，激发自己学习的热情，坚持下去，你会吸收很多长处，弥补自己很多短处，成长为优秀人才。

擅于发现别人的闪光点需要有敢于肯定他人的大度和对真善美热切的向往，只有大家共同奋进，才能实现可持续发展的共赢，实现真正的进步。

心灵箴言

天生我才必有用。

——李白

三人行，必有我师。

——孔子

寸有所长，尺有所短。

——谚语

闪闪发光的金子，代替不了生铁的用途。

——柯尔克孜族谚语

有些缺点比美德更能清楚地证明一个人的优秀品格。

——[梵蒂冈] 雷斯

能从别人的过错中看出他的优点，那才是最聪明的人呢。

——[法] 德伦西

有时候，倾听比诉说更重要

故事话题

一位心理学家参加了纽约一位出版商举办的私人宴会，在那里，他遇到了一位著名的植物学家。

在此之前，他对植物一无所知，更不用说和植物学家谈话了。但是，眼前的植物学家对他相当有诱惑性。他像着了迷似的和植物学家在宴会一角的沙发上攀谈。

他静静地听植物学家给他讲有关大麻和室内花房的事，这些对心理学家来说简直太棒了，最后，植物学家还给他讲了有关马铃薯的故事。心理学家认真听着植物学家的讲话，向他询问自己的一个小型花园该如何打理，植物学家热忱地给他提了许多建议，让他受了不小的启发。

两人谈了数小时之久，时间到了午夜，心理学家准备回家，临别时那位植物学家在宴会主人面前赞扬他是“极富个人魅力”的人，还说他谈吐优雅风趣。

心理学家听后暗喜，其实在整晚的谈话中，他根本没有说什么话，所做的就是静静地倾听植物王国的趣闻。因为自己在植物学方面知之甚少，所以倾听是最好的谈话方式。

当他静静地用心倾听时，发现植物学家所讲的那些东西是那样的有趣，而作为说话一方的植物学家，也看出了心理学家的好奇，于是便饶有兴趣地继续了下去。

他本人也一定满怀自豪感，因而心情也变得高兴了起来。

故事解析

倾听有助于成长。如果你想成为善于与人沟通的人，那么你就要注意倾听他人的意见、抱怨。无论是怎样的挑剔者，都会在一个有耐心和同情心的倾听者面前软化降伏。

静静地倾听不但表示你对他人的尊敬，同时还肯定了他人说话的重要性。就像伍德在《异乡人之恋》中所说的：“很少有人能拒绝接受专心倾听所包含的谄媚。”

静静的倾听是我们对任何一个人恭维的一种方法，有一颗真诚开放之心去听取他人的讲话是相当重要的。

正如一篇文章所讲：“很多人找心理医生，无非是想找一个静静倾听自己心声的人。”如果你想成为受人欢迎的人，你就要学会静静地倾听他人讲话。

要想让别人对你感兴趣，你首先要关注别人，问别人关注的问题，甚至鼓励别人谈他们的成就，这些都是值得我们去做的事。

假如能常常强迫自己去做那些应该做的事，并且竭尽全力，不去听从怕事贪安的惰性，那么你的品格、你的判断力，定会大大增进。你自然会被人承认，被称许为头脑清晰、判断健全的人。

让我们用思考的光芒照亮前进的道路，用倾听的智慧赶走成长的迷茫。

故事穿越

古时，有个小国的使者不远千里来中国，带来了很多的贡品，其中最惹人瞩目的是三个小金人。

那三个小金人一模一样，金灿灿的，发出耀眼的光芒。在一旁观看的大臣都忍不住发出啧啧的赞叹声。皇帝也高兴得不得了，放在手上把玩，爱不释手。

“这三个金人虽然一模一样，但是其中一个最有价值。素闻贵国人才济济，想必这个问题不难解决，希望能有人给我们一个完满的解释。”使者口气带着明显的挑衅。

皇帝被激将起来，回答他说半个时辰即见分晓。可是事情并不是想象的那样简单。皇宫里来自各个地方的珠宝匠用尽各种办法都没有找到不同。约定的时间马上要到了。

这时，一位素来沉默寡言的老臣站出来对皇帝说：“老臣愿斗胆一试!”

只见老臣取来三根细铁丝，分别穿入三个小金人的耳朵，结果，第一根铁丝从另一只耳朵穿了出来；第二根铁丝则从嘴巴里出来；而第三根铁丝却被整个吞进去了。

“禀告圣上，第三个金人最有价值!”老臣说。

使者叹服地点点头，称赞道：“佩服！佩服！当初制作这些金人时，特意在耳朵和嘴巴相连处做了区别，意在说明要少说多听。这位大人高明，可见也是深谙此理的高人……”

故事微语

故事说明，倾听重于述说，这是人类共同的智慧。擅于倾听，人生才尽显睿智，美丽。

倾听是心灵的阳光，映射出无边无际的美丽；倾听是心灵的雨露，能滋润出无穷无尽的精神；倾听是大海的波涛，能翻起大浪滔天的巨澜；倾听是江河的洪流，能激起乱石穿空的壮观。

汪国真说：“我欣赏你，所以我肯定你，我不欣赏你，但我却不会因此否定你。”倾听也一样。假如别人的意见合理，你就应该感激并认真地研究思考，提取其中有价值的内容。

成长途中，风餐露宿，坎坎坷坷，迢迢征途，你以自信和倾听为干粮，性格的懦弱也会铸成如钢似铁的坚强；顶风冒雪，磕磕绊绊，茫茫前程，你以自信和倾听为手杖，平淡的人生也会谱出瑰丽的乐章。

心灵箴言

所谓的“耳聪”，也就“倾听”的意思。

——[美] 艾默生

认真倾听别人的倾述虽是细枝末节，但体现了你谦逊的教养，能展现你的素质。

——佚名

倾听的耳朵是虔诚的，倾听的心灵是敏感的。有了倾听的耳朵和愿意倾听的心，你才会拥有忠实的朋友。

——佚名

倾听就像海绵一样，汲取别人的经验与教训，使你在人生道路上少走曲折的弯路，经过你有目标的艰苦奋斗，使你能顺利地到达理想的目的地。

——佚名

信任是基石，获取团结的力量

故事话题

春秋战国时，秦国的商鞅在秦孝公的支持下主持变法。当时处于战争频繁、人心惶惶之际，商鞅从树立威信入手，推进改革。

他下令在都城南门外立一根三丈长的木头，并当众许下诺言，贴出告示：谁能把这根木头搬到北门，赏金十两。

围观的人不相信这是真的，没人肯出手一试。于是，商鞅将赏金提高到 50 金。重赏之下必有勇夫，终于有人站起将木头扛到了北门。商鞅立即赏了他五十金。

商鞅这一举动，在百姓心中树立起了政权的威信，他的变法很快就在秦国推广开了。新法使秦国日渐强盛，最终统一了中国。

而同样在商鞅“立木为信”的地方，400 年以前，却曾发生过一场令人啼笑皆非的“烽火戏诸侯”的闹剧。

周幽王有个宠妃叫褒姒，为博取她的一笑，周幽王下令在都城附近 20 多座烽火台上点起烽火。

烽火是边关报警的信号，只有在外敌入侵需召诸侯来救援的时候才能点燃。诸侯们见到烽火，率领兵将们匆匆赶到，很快发现不过是场玩笑，皆愤然离去。

褒姒看到平日威仪赫赫的诸侯们狼狈不堪的样子，终于开心一笑。

五年后，西夷犬戎大举攻周，幽王点燃烽火而诸侯却都未到，幽王被逼自刎而褒姒也被俘虏。

“立木取信”，一诺千金；“烽火戏诸侯”，失信他人，前者变法成功，国强势壮；后者自取其辱，身死国亡。

故事解析

由故事可见，“信”对一个国家的兴衰存亡都起着非常重要的作用。

人是社会的产物，离不开交往。人们在交往中必然产生喜欢、爱慕、信任，敬佩、崇拜等情感，在诸多的情感中，信任是最高境界。

信任是彼此的认可，是在平等的交往下产生的情感。信任是彼此的经营，是在共同付出下的收获。它是双方的付出，共同的分享，不会使情感受损伤而只能加强它。

信任是人格的认可。由于人格的认可，信任会演化成一种托付，托付事情，托付钱财甚至托付生命。人们所说的“托妻寄子”就是最高的信任。

信任也是能力的认可。托付于人还要有个基本要素，那就是他具备一定的能力。如果此人连自己都保不了，何以“托妻寄子”。

刘备托孤于诸葛亮，首先是认可他的德行，同时也是认可他的能力。

信任和被信任都是幸福的。幸福是自己的一种感觉，找到这种感觉很不易。成长过程中，能够相信一个人，你就觉得自己不孤单；周围有几个值得信赖的朋友，你就会感觉自己很强大。

故事穿越

最高的信任莫过于在战斗中敢于将后背交付与人。

古代有两个侠客，他们从小一起拜师学艺，一起刻苦练习武艺，学成以后他们就去参军报效自己的国家。

在去参军的路上，两个人遇到过一帮土匪。土匪将他们团团围住，两个人的背靠背紧紧站在一起，各自拿着剑，分别一次一次地阻挡土匪的进攻，直到最后把土匪杀退。

加入军队后，有一次，两人去刺探军情，结果被敌国发现，许多敌国的士兵将他们围在中间。对方想抓活的，想从他们的口中得到一些重要的情报，但是两个人宁死不屈，紧紧靠在一起，奋力抵抗。

两个人都受了很重的伤，但他们没有放弃，始终坚持，为后面的人阻挡敌人。在两个人快要坚持不住的时候，他们的队伍及时赶到，两个人才得以幸存下来。在以后的战斗中，两个人始终战斗在一起。

几十年后，两位老人卸甲归田。村子里经常有很多年轻人来问他们，他们是如何在战场上厮杀的，是如何将敌人一次又一次击退的。

两位老人经常是笑一笑，然后将衣服脱下来，给这些年轻人看。他们发现两位老人的胸前全是伤疤，但奇怪的是他们两个人的后背居然没有任何损伤的痕迹。

一位老人说：在战斗的时候，我们彼此信任对方，将后背托付给他，我们只管前面的敌人，不会顾及后面会有敌人，因为后面有我最信任的人保护我。

故事微语

两位老人的故事令人感动，更让人深思信任的重要，能够有一个托付后背的人，该是多么幸福。

团结协作是一切事业成功的基础，个人和集体只有依靠团结的力量，才能把个人的愿望和团队的目标结合起来，超越个体的局限，发挥集体的协作作用，产生1+1>2的效果。

即使在同一个单位，每个人的工作都有相对的独立性，又都与全局相关联，必须相互信任、积极协调，事业才能取得成效。如果一个人只顾自己，不顾他人，不肯与他人协作，势必会影响团队的战斗力和整体形象。

“一招不慎，满盘皆输”，牵一发动全身，处于团体、事业中的个人要时刻想到整体的利益，用信任完成相互的配合，如果整个棋局都输了，再有力量的棋子也没有什么用了。

信任别人是一种良好的美德。在与人相处时，一定要给予充分的信任，同时自己要谦虚一点、微笑一点、宽容一点、主动一点，良好的友谊、团队氛围，不仅仅是在为事业做贡献，于己成长更有利。

心灵箴言

三个臭皮匠，顶个诸葛亮。

——谚语

能用众力，则无敌于天下矣；能用众智，则无畏于圣人矣。

——孙权

凡是经过考验的朋友，就应该把他们紧紧地团结在你的周围。

——[英] 莎士比亚

团结就有力量和智慧，没有诚意实行平等或平等不充分，就不可能有持久而真诚的团结。

——[英] 欧文

第四篇

心态和谐：积极成长，让快乐如影随形

心态和谐就是要豁达大度，淡泊从容。在物欲横流、光怪陆离的现实环境中抵得住诱惑，耐得住寂寞，受得住清贫，护得住操守，对得住良心。生活中，少些攀比，少些怨怪，“宠辱不惊，闲看窗前花开花落；进退无意，漫随天外云卷云舒。”心态平和健康，成长才能无忧无虑。

在成长中做独一无二的自己

故事话题

比尔·盖茨的童年是在美国华盛顿州的西雅图度过的，最喜欢看《世界图书百科全书》。盖茨看的书越来越多，想的问题也越来越多。他曾说："与其做一棵草坪里的小草，还不如成为一株耸立于秃丘上的橡树。小草千篇一律，毫无个性，而橡树则高大挺拔，昂首苍穹。"

他很早就感悟到人的生命来之不易，要十分珍惜。他在日记中写道："人生是一次盛大的赴约，对于一个人来说，一生中最重要的事情莫过于信守由人类积累起来的理智所提出的至高无上的诺言……"这个"诺言"就是要干一番惊天动地的大事。

他在另一篇日记里写道："也许，人的生命是一场正在焚烧的'火灾'，一个人所能去做的，就是竭尽全力从这场'火灾'中抢救点什么东西出来。"这种"追赶生命"的意识，在同龄的孩子中是极少有的。

盖茨对于任何功课、作业，演奏乐器、体育竞赛，都会全心全意最出色完成。一次，老师布置了一篇作文，要求四五页的篇幅。结果盖茨利用书房里的百科全书等书籍，洋洋洒洒地一口气写了30多页。

又有一次老师布置写一篇不超过20页的故事，盖茨浮想联翩，竟写出长达100页的神奇而又曲折无比的故事，使老师和同学都十分惊讶！

大家说他："不管盖茨做什么事，他总喜欢来个登峰造极，不鸣则已，一鸣惊人，不然他是不会甘心的。"

故事解析

人的身体包含一些内在的东西，是摄影师无法捕捉，画家无法描绘，雕刻家根本无法塑造的，这就是“个性”。“个性”很微妙，能够亲身感受到，和人的状态、成功与否紧紧相连，作用至关重要。

比尔·盖茨的成就很多人觉得不可思议，然而，结合他自幼的成长会发现，能够导致他成功的很多个性特征在他童年时代就已经初露端倪。

他希望与众不同，极度珍惜生命，做事全力以赴，不达到极限不罢休，就是这些独属于他的个性特征造就了他独一无二的成功。

比尔·盖茨个性中那些优异的地方有一部分原因是来自读书，书是传播人类优良经验的载体，爱读书，让他了解、接触到很多优秀的品质特性，通过潜移默化的影响，使他也具备了很多优异品格。另外就是他的成长环境，他的父母的言传身教等等。

成长需要多多了解、熟悉人类已经总结出的经验、成果，无论是看书还是从实际生活中学习，都需要吸收掌握最优秀的资源，这样形成的个性特征、思维习惯才是高效的，为取得成功提供内在的保障。

成长的经历、环境不同，每个人都各具特色，独一无二，尽可能地修养好自己的心性，发掘自己的长处，保持自我，坚持到底，就能成为成功者。

故事穿越

2011年令大提琴演奏家马友友终身难忘：纽约将一条新建马路命名为“马友友路”。

马友友的父母都是毕业留美的华人，在华尔街做经济研究员。马友友一出生，父母就决心把他培养为出色的经济师。

马友友还没有学会讲话他们就开始教他认数字，读小学的时候，马友友是学校的“数学之星”，在许多数学竞赛中夺了大奖。他的父母、老师和同学都为他开心，但他自己没有感受到任何乐趣，只是在一种受命式的努力中，机械地过完了自己的童年。

一天傍晚，天色不太好，怕赶上下雨，马友友走了一条非常僻静的小路。经过一幢老房子时，一段流水般优美的旋律吸引住了他。

一位老人正在拉着大提琴，神情无比陶醉，身体随着音乐轻轻晃动。就在这一瞬间，马友友发现自己真正喜欢的东西并不是数学，而是音乐！

老人发现了马友友，把他请进了院子，继续演奏了许多美妙的曲子，又讲了许多关于音乐的动人故事，马友友完全迷恋上了音乐。

为了坚持自己的兴趣，马友友与父母激烈争论了一次。他要自己把握未来方向，不允许别人来操纵，即使是父母。

父母尊重了他的决定。从此马友友开始在老人那里学习音乐。有热爱，他的进步飞快。中学毕业时，他获得了曼哈顿学生音乐会一等奖。

马友友在音乐路上一路向前，多次获得“唐大卫奖”和“格莱美奖”，成了一位名震国际的音乐大师！

故事微语

马友友说：自己的人生只有一个主人，那就是我们自己！我不认为父母为我们指的路一定是错的，但能行走在自己铺设的人生轨道上，则一定是最开心的！

这是他一路走来的心得体会，为我们提供经验参考。

人在成长中要能够发现自己所擅长的事物，坚定地投身其中，充分施展唯一的自己，不被别人牵制，做自己的主人，为世界涂画独特的一笔。

很多人不能够在纷繁的人事中提炼独特的自己，很容易被别人带入不属于自己的道路，处处碰壁，变得灰心丧气。

其实天生我材必有用，不是自己没用，而是没有将力气用对地方。成长的时期没有负担，尽可以大胆去尝试、了解、接触很多事物，范围越广，最后的决定才最准确。

心灵箴言

走自己的路，让别人说去吧。

——[意] 但丁

智力取消了命运，只要一个人在思考，他就是自主的。

——[美] 爱默生

哲学家们告诉我们，做我们所喜欢的，然后成功就会随之而来。

——[美] 巴菲特

一个人最糟的是不能成为自己，并且不能在身体与心灵中保持自我一致。

——[美] 安吉罗·派屈

不要成为一个抱怨连连的人

故事话题

曼德拉，是南非一位黑人政治领袖。他因为领导反对白人种族隔离的政策而入狱，白人统治者把他关在荒凉的大西洋小岛罗本岛上 27 年。当时曼德拉年事已高，但白人统治者依然像对待年轻犯人一样对他进行残酷的虐待。

罗本岛上布满岩石，到处是海豹、蛇和其他动物。曼德拉被关在集中营一个“锌皮房”里，白天打石头，有时要下到冰冷的海水里捞海带，有时干采石灰的活儿——每天早晨排队到采石场，然后被解开脚镣，在一个很大的石灰石场里，用尖镐和铁锹挖石灰石。

因为曼德拉是要犯，看管他的看守就有三人，他们总是寻找各种理由虐待他。

谁也没有想到，1991 年曼德拉出狱当选总统以后，他在就职典礼上的一个举动震惊了整个世界——当初罗本岛监狱看守他的三名狱警也被邀请到场。

曼德拉的博大胸襟和宽容精神，令那些残酷虐待了他 27 年的白人汗颜，也让所有到场的人肃然起敬。

后来，曼德拉向朋友们解释说，自己年轻时性子很急，脾气暴躁，正是狱中生活使他学会了控制情绪，因此才活了下来。

牢狱岁月给了他时间与激励，也使他学会了如何处理自己遭遇的痛苦。他说，感恩与宽容常常源自痛苦与磨难，必须通过极强的毅力来训练。

获释当天，他的心情非常平静。他说：“当我迈过监狱大门时，我已经清楚，自己若不能将悲痛与怨恨留在身后，那么我其实仍在狱中。”

故事解析

在现实生活中，有的人非常喜欢抱怨，遇到一丁点儿不如意的事，就抱怨个不停，好像整个世界都一无是处。

从心理学解释抱怨，是因为抱怨者们不愿意长大成人，始终处在孩子的状态，幻想一个完美理想的客体来解决自己的一切问题。抱怨者内心极度虚弱，他们通常深陷自己的宿命，无力进行改变。

伟大的曼德拉不但不抱怨，还把自己最关键的成长归功于三个无情虐待自己的人，感谢他们让他放弃抱怨，真正成为勇于担当的勇士。

喜欢抱怨不等于坏，只是他们想不到抱怨无济于事，或者说他们缺乏自制力。抱怨是无能的表现，而且抱怨会导致心情更糟。就像鞋子里掺进沙子，只会让走路更为艰难。

成长会有伤痛，但不要抱怨，像曼德拉那样，即使是非人的磨难，也不抱怨，而是勇敢地走出来，把抱怨留在原地。

成长从停止抱怨开始。

故事穿越

1814年，他出生在德国一个富豪家庭，少年时代无忧无虑。1833年，他的家族因政治迫害败落，他尝到了从未有过的艰辛，脾气变得十分暴躁。

有一天，他路过一块农田，这里刚刚经过一次洪水的侵袭，长势良好的庄稼被无情地毁坏，一片狼藉，惨不忍睹。

这时，远处一个正在劳作的农民闯入了他的视线。

“庄稼被毁掉了，你难道一点也不生气吗？”他问。

“抱怨是没有一点效果的，那样只会使事情变得更糟糕。这都是上帝的安排，您看洪水虽毁坏了我的庄稼，但是却带来了丰富的养料，我敢保证今年一定是个丰收年。”说完，农民哈哈大笑起来。

农民的话给了他极大的启发，后来，他成了一名药剂师助手。

那时，婴儿因没有合适的奶制品，死亡率很高，他开始研究可以减少婴儿死亡的奶制品。1867年他成立了自己的食品公司，他的产品成功地挽救了一位因母乳不足而营养不良婴儿的生命，从此，开创了公司辉煌的百年历程。

这位年轻人叫亨利·内斯特莱，他创立的就是雀巢公司。

故事微语

亨利·内斯特莱因为家庭的变故，成为一个爱抱怨的人，鼓不起自立的勇气。但是他很敏锐，在不因洪灾而悲观的农民那里学习到重建信心的方法。他积极去做力所能及的事情，找到了能够独立生存的工作，最后成为成就斐然的人物。

人们总是欣赏那些乐观的人，是欣赏他们面对逆境和困难，表现出的泰然和自信。乐观的人具备了生活所必需的信心、勇气和信仰。他们在自己获益的同时，又感染着身边所有的人。

亨利·内斯特莱就是被乐观的农民唤醒的。跟乐观的人在一起，会觉得生活美好起来，所有的困难和不幸，都会在你大无畏的勇气面前藏匿。

抱怨是退缩，与成长的本质背道而行，是万万要不得的。遭遇严重打击时，还是要依靠自己的行动，从力所能及的事情开始，重新站立起来。

做一个有力量改变自己命运的人，不去抱怨，积极成长。

心灵箴言

如果你陷入困境，不要尖声抱怨错误，要从中吸取教训。

——[美] 比尔·盖茨

不抱怨的人一定是最快乐的，没有抱怨的世界一定最令人向往。

——台湾诚品书店

要生活得漂亮，需要付出极大的忍耐，一不抱怨，二不解释。绝对是个人才。

——[奥地利] 卡夫卡

抱怨会让我们陷入一种负面的生活、工作态度中，常常在他人身上找缺点，包括最亲密的人。

——黑幼龙

这世上一切，本来就不是我们的。我们来的时候，双手空空，日后无论得到多少，都是意外之喜，毋需抱怨。

——亦舒

客观冷静地看待不如意

故事话题

有一次，作家饶雪漫去苏州出差，被一个同学知道了，说她班上海的女生都喜欢看饶雪漫的书，非要拉她去参加班会课。盛情之下，饶雪漫只好遵命。

那堂班会课的主题是：和名作家零距离。

饶雪漫在台上，高一 4 班 55 个学生在台下。前三个学生分别问她：

你在写作的时候有没有遇到过什么困难，你又是怎么坚持下去的呢？

你最喜欢你写的哪一部作品中的哪一个人物？

这么多人喜欢你写的书，你是什么感受？

“这三个问题，我可以下课后回答你们”饶雪漫对大家说：“不如这堂课，我们来问点有意思的问题，比如你们可以问我，有没有偷过钱？”

教室里先安静了一两秒，紧接着一片哗然，“好吧，那你有没有偷过钱呢？”

“偷过的，”饶雪漫说：“7 岁的时候，偷了妈妈放在衣橱里的钱，去买泡泡糖。”

“结果呢？”

“被打了啊。”

“那有没有撒过谎？”

“有，而且不止一次。”

……

“那你有没有逃过课呢？”

“逃过，还逃了期末考试，为的是去看齐秦的演唱会。”

大家笑起来，都不相信，饶雪漫补充说：“事实就是这样，时间过去以后，你就会发现，当时我你觉得根本过不去的坎，到后来你会连坎是什么都不记得了。”

饶雪漫转过身，将黑板上原来的班会主题擦掉，重新写上这么一行字：“没关系，我们都是这样长大的。”

故事解析

饶雪漫自信这堂课在学生心中一定留下了深刻的印象，无论过去多久，相信总有一个人会提起：当年饶雪漫说呢，这些没什么，原来真是这样呢。

当你感觉人生没那么如意，当你对自己的表现没那么满意，当你觉得自己再坚持不下去的时候，请记得对自己说：没关系，我们都是这样长大的，这就是人生。

人生不如意的事在所难免，没有一帆风顺的人生。人生没有迈不过去的坎！人就是在不断的纠正中成长起来的。

不如意是成长中不可或缺的一个部分，倘若你不想在成长中遇到不如意，长大后，不如意的事会接踵而至；反之，如果你现在正确认识烦恼，正确对待烦恼，那迎接你的就会是最为灿烂的明天！

尽管生活中有太多的不如意，可是生活还是要继续，鸟还是要继续飞，鱼还是要游的，人还是要成长的，地球不会为了谁的不如意而停止转动！我们只有经过了千百次磨砺与洗礼，才慢慢变得成熟与稳重！

笑着面对生活，放松心情，做好每一件事，快快乐乐地成长。

故事穿越

1954 年，巴西举国上下都认为世界杯赛冠军是他们的，但比赛的魅力就在于不可预见，巴西队在半决赛时意外地输给了法国队。

在归国的飞机上巴西队员们如坐针毡，十分担心即将面临的种种谩骂和攻击。随着飞机着陆滑行，他们看到的却是截然相反的情景。

总统和 2 万多名球迷站在机场居然鸦雀无声，人群中有两条横幅格外醒目：

“失败了也要昂首挺胸！”

“这会过去！”

球员们顿时泪流满面。

4 年后的世界杯赛，巴西队重新夺回了冠军。

这一次，16 架喷气式战斗机为他们的专机护航，护送他们回国。自觉来到机场附近欢迎他们的人超过了 100 万。场面宏大，令人热血沸腾。人群中也有两条横幅格外醒目：

“胜利了更要勇往直前！”

“这也会过去！”

球员们对“这（也）会过去”不甚明了，请教了标语的制作者。原来这来自一个典故：据说，伟大的所罗门王有一天晚上做了一个梦。

一位智者在梦里告诉他一句至理名言，涵盖了人类的所有智慧，能使他得意的时候不会忘乎所以，失意的时候百折不挠，始终保持勤勤恳恳、兢兢业业的状态。

所罗门王醒来之后却怎么也想不起那句名言，于是，他找来了最有智慧的几位老臣，告诉他们原委，要求他们找到那句至理名言，并且拿出一枚硕大的钻戒说：找到后把它刻在戒面上，我要天天戴着。

这句话就是那句至理名言。

故事微语

无论生活顺利还是困顿，“这会过去”，只要全心全意投入眼下的每分每秒，就不会懊悔。集中了人类所有智慧的至理名言就是这么简单，让足球强队巴西队牢牢守住了世界第一的位置。

得意淡然，失意夷然。已经发生过的，就不要再斤斤计较，总结出经验教训牢记于心，防范重演，毅然开始之后的岁月就好。

成长会历经苦痛，也会有欢愉、成功，最重要的是专注眼前，积极行动，不要让过去成为你前进的羁绊。

回忆只能偶尔欣赏，不能成为据以度日的食粮，要弥补曾经的过失、重品胜利的喜悦，只能在今后的努力中实现。放手去做，避免曾经的失意，追寻新的辉煌。

心灵箴言

对于过去不幸的记忆，构成了新不幸。

——[西班牙] 塞万提斯

乐观主义者总是想象自己实现了目标的情景。

——[古罗马] 西尼加

灾难就像刀子，握住刀柄就可以为我们服务，拿住刀刃则会割破手。

——[美] 洛威尔

我可以拿走人的任何东西，但有一样东西不行，这就是在特定环境下选择自己的生活态度的自由。

——[德] 弗兰克

水果不仅需要阳光，也需要凉夜。寒冷的雨水能使其成熟。人的性格陶冶不仅需要欢乐，也需要考验和困难。

——[美] 布莱克

向上的思维，绝对良好的成长环境

故事话题

她出生在福建山城永安一个普通的穷人家庭，在山区里长大。

小时候，她发现每次哥哥从山上回来，篮子里的果果都比其他伙伴多。哥哥告诉她：“我在树上摘的和其他人的差不多，但下树后，其他人急着回家，而我会把树下、草里的每一个果果捡起来，这样就会得到更多一些了。捡起每一个小果果，拾到篮里的才是自己的。”

这句话从此种到了她幼小的心灵中，慢慢向上吐芽，向下扎根。

1994 年，她考入福州师范艺术学校幼师美术班。在学校里，她努力地学好每一门课，她觉得这些课都是自己成功路上的一个个小果果。

幼师毕业后，她的心中有了更大的梦想，做了北漂。她租住在由潮湿的防空洞改成的地下室里。有时晚上下大雨，早上起来，鞋子就在水上漂着。

她清楚地懂得，所有的苦都是为了实现自己的那个梦想：进入演艺圈，成为一个演员或导演。天道酬勤，她纵身一跃，考入中央戏剧学院导演系。2005 年，她主演了著名导演顾长卫执导的影片《孔雀》。

一次次准备，一步步努力，捡起成功路上的一个个小果果，她开始成为大银幕上炙手可热的演员。

她是《七剑》里灰头土脸的村姑，是《花腰新娘》里媚惑的彝族姑娘凤美，是《紫玉金砂》里的曾家大小姐……

她就是张静初，她说，成功没有捷径，我只不过是在恰当的时间，及时将每一个果果捡起而已。

故事解析

如果把人的头脑比作一个花园，姹紫嫣红，衰败荒芜，因人而异，气象万千。好的园丁会始终细心照料，翻土、浇水、施肥、灭虫、拔除杂草，换来满园春色，果实累累。

对于自己的思想、思维逻辑，也需要精心护理，除去消极、颓废，扶植阳光、向上，修养出高尚的情操，传播正能量。

著名演员张静初就是这样长大的。无论世事如何纷繁复杂，她总是能够认准自己的目标、理想，以踏实诚恳的态度，一步步撷取属于自己的果果。

她坚持向上的心态不可逆转，无论现实多么艰难，道路几多曲折，她耐心克服，积极争取，直至踏上理想的高地。

专心向上的思维是屏蔽了旁杂的纯净世界，在这个世界里，所有的风景只为自己的进取而设，你会发现自己是自己的主人，生活完全由自己主导。

向上的思维会引领你到梦想的所在。

故事穿越

俄罗斯总统普京小时候非常聪明，他品学兼优，常常产生一些与众不同的想法。

有一次，老师在黑板上写了一个作文题“我的理想”。小普京的脑海里，有自己不同寻常的独特思考。

课余时间，小普京非常喜欢读《盾与剑》杂志，对里面描写的“克格勃”产生了浓厚的兴趣。从杂志上他知道了在第二次世界大战中，由于“克格勃”准确地截取了敌人的情报，使苏军取得了一次次巨大的胜利……

于是，他在作文本上写道：“……我的理想是做一名间谍，尽管全世界的人们对这个名字都不会有任何好感，但是从国家的利益、人民的利益出发，我觉得间谍所做的贡献是十分巨大的……”

当教师打开普京的作文本时，不禁又惊又喜，连声赞叹他“年纪不大，志气不凡”。

1970 年，18 岁的普京中学毕业，以优异的成绩考入列宁格勒国立大学法律系国际专业。1975 年，他大学一毕业就从事对外情报和国外反间谍工作，实现了自己“做一名间谍”的理想。

故事微语

普京的成功也得益于思想的专注执着。他从小就明确了做神奇“间谍”的目标，并积极为此努力，直至长大成人，中间经过了漫长的岁月，都没有教他改变。就是凭着认准不放松，一心一意锐意进取的精神，他圆了自己的梦。

一定要能够明确自己的意愿，才谈得上坚持追寻。通常是自己喜欢的，或者擅长的，细心观察，积极寻找，自己的梦想不难把握。

确立了目标之后，就要多思考，在头脑中为维持自己的成长方向、方式而努力，战胜不必要的思想、念头，形成朝向目标思维的惯性，配合相应的行动，梦想就会成为现实。

在向上思维的指引下，灵魂的每一步成长都指引着这个外部环境的变化，所有的一切会为共同的目标而协调一致，无论是无形的思想还是有形的努力，这就是成长最好的环境。

这样的环境会容纳专注的进取，自觉规避干扰，如同纯净灵魂的剪影，让你真正如愿以偿。

心灵箴言

要像蚕一样，将最后一根丝都吐出来贡献给人民。

——周恩来

人只有献身社会，才能找出那短暂而有风险的生命的意义。

——[美] 爱因斯坦

人活着就要做个对社会有益的人，就要为创造美好的新生活而奋斗。

——张海迪

人，只要有一种信念，有所追求，什么艰苦都能忍受，什么环境也都能适应。

——丁玲

我的人生哲学是工作，我要揭示大自然的奥秘，并以此为人类造福。我们在世的暂短一生中，我不知道还有什么比这种服务更好的了。

——[美] 爱迪生

敢于为梦想而坚持和努力

故事话题

1939 年冬天，美国西部洛杉矶市郊的一间屋子里，一个十五岁的腼腆少年——约翰·葛达德——正在厨房的桌子前做着生物学家庭作业。这时他听到隔壁父母的一位朋友说：“假若再让我回到约翰的年纪，我干的事就大不一样！”

这句话深深触动了葛达德的心灵。他在活页本新的一页上方端正地写上：“我的终生计划”。葛达德花了五个小时，一口气写下了一百二十七个梦想实现的目标。下面是这些目标中的一部分：

目标第一：探索尼罗河；

目标第二十一：登上珠穆朗玛峰；

目标第四十：驾驶飞机；

目标第五十四：去南、北极；

目标第一百一十一：读完莎士比亚、柏拉图等十七位大师的全部名著；

目标第一百二十五：登上遥远、美丽的月球。

为了实现这些梦想，葛达德在他的小车子上写上了周计划和月计划。他每周都要量体重、清理衣橱、分析食谱和自我检查行动的得失。每天早晨他花六十分钟练习杠铃、拉力器和单杠，以保持优美健康的体形。总之，葛达德全力以赴地朝着自己订下的目标而努力着。每当他实现了一个目标，他便带着甜美的神情，在一个“目标”旁边画上一个代表成功的红色标记。

到葛达德六十一岁时，他已经成功地实现了原订的一百二十七个目标中的一百零八个。

例如他的第四十个目标是驾驶飞机，他后来驾驶过四十六种飞机，其中包括时速达到一千五百英里的 F—111 战斗机；他把自己实现第一个目标的经历写成了一本名叫《漂下尼罗河的皮划子》的畅销书。

故事解析

有志者，事竟成。目标高，飞得高。梦想是生命的织锦，对生活的热情期望、勇敢追求和执着信念。

人因为有梦想而伟大，人生因为有梦想而更加精彩。人的一生与梦想相伴，梦想伴随着人的成长。

出于慎重，人们对自己的梦想都会三缄其口，能够像葛达德这样对自己的梦想直言不讳，甚至白纸黑字地写下来，一项项对照完成的人，少之又少。这是多么强大的信心、实力才能够做到的。

梦想，在一定程度上也可以理解为理想和追求。每个人的健康成长都离不开梦想在背后的鼓励与支持。梦想给成长注入生机和活力，让人勇往直前，毫无畏惧。

向葛达德学习，趁年轻树立远大的理想和目标，把你的梦想和目标分解成一步一步的具体行动，全力以赴，你也能获得惊人的成果。

成长是人一辈子的事情，人的成长要从三个方面去做：心理学，了解、洞察自己，如此才能洞察别人；哲学，包括一些数学的思想，这些思想本身就是哲学；历史和自己经历的积累，不仅仅是自己的，更多的是了解别人的经历，化为自己的体验。

欲望、梦想一念之间，保持一颗赤诚的心，何不在成长的过程中使知识更加积累，阅历进一步沉淀，心志越发成熟，能力不断地提高，为梦想的实现创造更多的资本。

故事穿越

美国某个小学的作文课上，老师给小朋友的作文题目是：我的梦想。

一位小朋友非常喜欢这个题目，在他的簿子上，飞快地写下他的梦想。

他希望将来自己能拥有一座占地十余公顷的庄园，在壮阔的土地上植满如茵的绿。庄园中有无数的小木屋，烤肉区，及一座休闲旅馆。除了自己住在那儿外，还可以和前来参观的游客分享自己的庄园，有住处供他们歇息。

写好的作文经老师过目，簿子上被划了一个大大的红“X”，要求他重写。

小朋友没看出错误，便去请教老师。老师说：“我要你们写下自己的梦想，而不是这些如梦呓般的空想，我要实际的梦想，而不是虚无的幻想，你知道吗？”

小朋友认为自己写的就是自己的梦想，与老师相持不下，最后得到个E的分数。

事隔三十年之后，这位老师带着一群小学生到一处风景优美的度假胜地旅行，尽情享受无边的绿草，舒适的住宿，及香味四溢的烤肉，而这里的主人正是那位小朋友。

老师望着庄园的主人，想到自己三十余年、不敢梦想的教师生涯，不禁喟叹：“三十年来为了我自己，不知道用成绩改掉了多少学生的梦想。而你，是唯一保留自己的梦想，没有被我改掉的。”

故事微语

在现实的无情冲击之下，梦想或许只是心灵的安慰，使漫漫人生路多了一份光明而已。梦想的实现建立在执着、汗水、努力与泪水之上，鲜有人能够做到。

即使故事里的小朋友的梦想的确不很伟大，但他认定之后，百折不挠地实现了，就是人中英雄。

不管路有多长，不管前方是不是危险重重，选择好了这样一条路，就必须要走下去，只要心中有“再往前一点点就到了”的信念，梦想实现的喜悦就会扑向你。

梦想其实也许就在前方不远处，正向你招手，翘首盼望你的到来。或者，它在十字路口的转角处，准备在你猝不及防的时候蹦出来吓你一跳，给你一个惊喜。

生命永远因为梦想而闪光，别让任何人偷走你的梦想。

心灵箴言

梦想一旦被付诸行动，就会变得神圣。

——[英] 阿·安·普罗克特

穷人并不是指身无分文的人，而是指没有梦想的人。

——佚名

梦想只要能持久，就能成为现实。我们不就是生活在梦想中的吗？

——[英] 丁尼生

梦想绝不是梦，两者之间的差别通常都有一段非常值得人们深思的距离。

——古龙

一个人要实现自己的梦想，最重要的是要具备以下两个条件：勇气和行动。

——俞敏洪

要用你的梦想引领你的一生，要用感恩、真诚、助人圆梦的心态引领你的一生，要用执着、无惧、乐观的态度来引领你的人生。

——李开复

第五篇

试炼能力：有不停的磨炼才有不断的进步

成长是从无知开始的，积极尝试是最好的学习方法。很多事情必须自己经历才能够记忆深刻，并在不停的试炼中找到正确的道路。多犯小错误，培养正确对待错误的心态，才能够避免犯大错误，是非常好的成长机会。

不怕犯错，勇敢尝试

故事话题

从前，有位古希腊国王，因为年纪大了，很想从三位王子中挑选一个继承人。

他吩咐一个大臣在一条两边临水的大道上放置一块巨石。任何人想通过大道，都得面对这块巨石。要么从水路绕过，可太费时；要么从石头上爬过，可石头太光滑；要么你能把它推开，可谁有那么大的力气呢？

国王叫来三位王子，吩咐他们先后经过那条大道，分别把信以最快速度送到对面的大臣手里。最后，三位王子都完成任务回来了。

国王问：“你们是如何通过那块巨石的呢？”

大王子说：“我是划船过去的。”

二王子说：“我是游水过去的。”

小王子说：“我是从大道上跑过去的。”

“这怎么可能呢？难道巨石没有挡住你的去路吗？”大王子和二王子都很奇怪，两人齐声问小王子。

“没有啊，我只是用手使劲一推，它就滚到河里去了。”小王子也很诧异的样子。

“孩子，你是怎么想到用手去推它的？”国王问他的小儿子。

“我只不过想去试试，”小王子说，“谁知我一推它，它就动了。”

原来，那块巨石是用很轻很轻的材料做的。

最后，这位敢于尝试的小王子继承了王位，成为了新国王。

故事解析

在面对困难的时候，我们不是缺少克服困难的方法，而缺少的恰恰是克服困难的勇气。只要你大胆地去试一试，或许就能成功。

面对巨石，三个王子里面，只有小王子没有畏惧的心理，敢于应对困难，不犹豫，不退缩，具有这样的气魄才能登上国王的宝座。

其他两位王子都知难而退，不敢迎接挑战，缺乏胆识，才智平平，终被淘汰。

勇于尝试，不去思前想后地盲目担心，不去故作周全地逃避，短暂的人生容不得浪费，面对困难，积极应对，领略前进的愉悦。

成长就是无数次的尝试，焕发生命的光彩。尝试，就是在余寒犹厉中成长。

成功属于第一个吃螃蟹的人。成长的路上一切都是新鲜的，如果欣喜果实，也不能厌烦荆棘，挥舞着自信洒脱的镰刀，披荆斩棘，一路尝遍人生五味，看尽人生百态。这样的成长才会成熟，更多的磨砺才会实现更大的成长。

成长要不畏艰险，不求捷径，一步步踏踏实实走来，道路才会越走越宽敞。

故事穿越

乔·吉拉德——世界吉斯尼汽车销售冠军，是世界上最伟大的销售员，他连续12年荣登世界吉斯尼纪录大全世界销售第一的宝座，他所保持的世界汽车销售纪录：连续12年平均每天销售6辆车，至今无人能破。

乔·吉拉德，因售出13000多辆汽车创造了商品销售最高纪录而被载入吉尼斯大全。他曾经连续15年成为世界上售出新汽车最多的人，其中6年平均每年售出汽车1300辆。

乔·吉拉德也是全球最受欢迎的演讲大师，曾为众多世界500强企业精英传授他的宝贵经验，来自世界各地数以百万的人们被他的演讲所感动，被他的事迹所激励。

三十五岁以前，乔·吉拉德是个全盘的失败者，他患有相当严重的口吃，换过四十个工作仍一事无成，甚至曾经当过小偷，开过赌场。然而，谁能想象得到，像这样一个谁都不看好，而且是背了一身债务几乎走投无路的人，竟然能够在短短三年内爬上世界第一，并被吉尼斯世界纪录称为“世界上最伟大的推销员”。

故事微语

销售是需要智慧和策略的事业。但是，吉拉德的实际经历证明，依靠信心和执着同样能够做好销售工作。

如果你的出身比乔·吉拉德强，没有偷过东西，不口吃，那你没有理由不成功，否则你就是没有信心，没有努力过、奋斗过！

放手去做，一切皆有可能。

有尝试必有成功，至少是坚持到底的胜利。正如美国的贝弗利·西尔斯所说：“失败了，你可能会失望。但如果不去尝试，那么注定失败。”

正应了那句话：除非你停止尝试，否则就永远不会是失败者。只要尝试过，你就是勇者——失败固然痛苦，但更糟糕的是从不去尝试。

生活告诉我们，成长需要勇于尝试，在这个过程中，会懂得许多，收获勇气，收获毅力，也收获快乐。

心灵箴言

别把今天的彩虹，放在明天的天空。

——雷松

纸上得来终觉浅，绝知此事要躬行。

——陆游

本来无望的事，大胆尝试，往往能成功。

——[英] 莎士比亚

一个尝试错误的人生比无所事事的人生更荣耀，并且有意义。

——[爱尔兰] 萧伯纳

克服依赖心理，学会独立成长

故事话题

有一个经理，他把多年以来的所有积蓄全部投资在一项小型制造业，由于世界大战的爆发，无法取得生产原料，只好宣告破产。他很自责，便离开了妻子儿女，成为一名流浪汉。

一个偶然的机会，他看到了一本名为《自信心》的书，让他重又萌生出勇气和希望。他决定找到这本书的作者，请作者帮助他再度站起来。

当他找到作者，作者却对他说：“我已经以极大的兴趣听完了你的故事，我希望我能对你有所帮助，但事实上，我却绝无能力帮助你。”

他的脸立刻变得苍白，低下头，喃喃地说：“这下完蛋了。”

作者停了几秒钟：“虽然我没有办法帮你，但我可以介绍你去见一个人，他可以协助你东山再起。”

作者把他带到一面高大的镜子面前，用手指着说：“我介绍的就是这个人。在这世界上，你只有靠这个人的帮助才能够东山再起。但是你必须安静地坐下来，好好地看清楚他，彻底地认识他，否则你只能跳到密歇根湖里。因为在你对这个人做充分的认识之前，对于你自己或这个世界来说，你都将是个没有任何价值的废物。”

他朝着镜子向前走几步，用手摸摸他长满胡须的脸孔，对着镜子里的人从头到脚打量了几分钟，然后退几步，低下头，开始哭泣起来。等了一会儿，他就走了。

几天后，这个人终于出现在了街上，步伐轻快有力，就像换了一个人。他找到了一份年薪 3000 美元的工作。

故事解析

命运不是祈祷可以左右的，美好的祝辞只是一句口号，无法决定它的走向；好命运不是巧遇的，即便偶尔撞上，也很快会还原；好命运不是等待出来的，滞留的时间越长，反而会越发遥远。

只有把命运掌握在自己手里，独立自强地拼搏，才有改变命运的希望。

故事里的主人公因为遭遇不可抗拒的危机破了产，从此他生存的信心被彻底击垮，再也站不起来。他读到带给他力量的书籍，把扭转自己惨状的希望寄托在作者身上，费尽心机找到了作者。作者让他明白自己的命运只可能自己掌握，主人公终于抛弃了依赖、抱怨的陋习，依靠自己的力量重新站了起来。

在命运的谷底时，智者可以给你指点迷津，但不能替代你去践行命运旅程；别人的成功可以参考，但不能照搬现用，因为具体的情况不同，只有自己能够拯救自己，必须做自己命运的主人。

与其守株待兔，不如退而结网，要想改变命运，就要克服依赖心理和习惯。依赖是一种侵蚀灵魂、蔑视生命、屈辱人格的行为。依赖他人总有一天会被人抛弃，世界上没有人能让你依赖一生，只有自己才不会抛弃自己。

独立成长，大胆试炼，青春就是要人做人生实验用的，现在多多地试炼人生，将来的人生才成功。

故事穿越

康熙年间，贵州巡抚刘荫枢告老回乡后，想用一生的积蓄为家乡建一座桥。但是子女却反对他："您当了一辈子高官，我们却没沾到一点光，好容易盼到您回家，你却如此不顾我们。"

刘荫枢很伤心，他觉得自己虽然一身清白，但忽视了对子女的教育。于是，他用尽积蓄，历时五年，修成大桥，取名"毓秀桥"。

桥修好后，他对子女说："我之所以用全部积蓄修桥，就想用事实告诉你们，自己的路自己走，自己的生活自己创，靠天、靠地、不如靠自己。"

为了彻底消除孩子们依赖父母的心理，他以十五两白银的价钱把桥卖给了官府。

刘荫枢的所作所为深深地打动了他的子女。他的孩子日后都成了国家的栋梁之材。

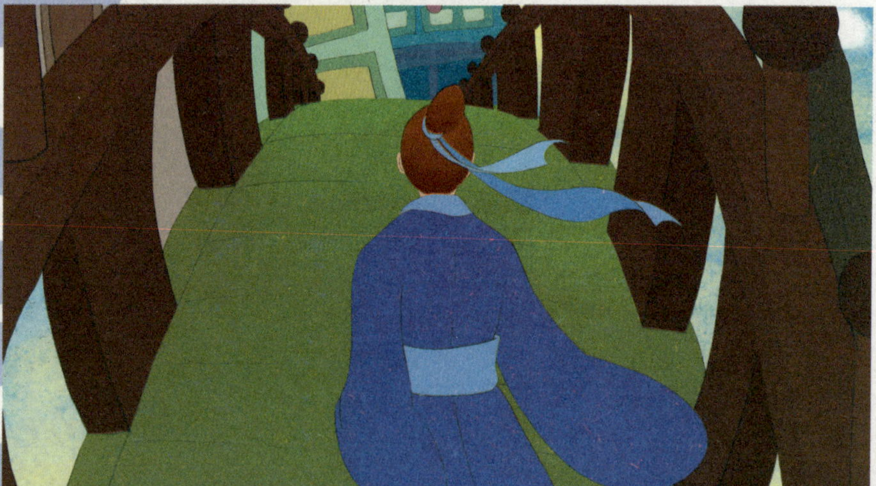

故事微语

靠山山会倒，靠人人会跑，只有自己最可靠；行走于世，没有人会陪你一辈子，要适应孤独；没有人会帮你一辈子，要时刻准备奋斗一生。

一个人至少拥有一个梦想，有一个理由坚强。人心如没有栖息的地方，你到哪里都是在流浪。

当今社会人们有一种“精神疾病”——依赖！无论遇到什么事总希望得到别人的帮助，实际上依赖让自己失去了自我，是不求上进、缺乏自信、没有独立人格的表现。

刘荫枢的子女们家犯了依赖的毛病，对父亲抱不切实际的希望。幸亏父亲理智，讲原则，没有随便徇私枉法，反而通过自己处置财产的自由，让子女明白人的主动权在自己手里，不能依赖父母的道理。

人生在世，找准属于自己的那一方水土很重要。人生的成功不是取得了多少丰功伟绩，而是你努力过、奋斗过；人生的幸福、快乐不是你拥有了多少财富，而是你依靠自己的智慧与双手勤劳过、自立过。

心灵箴言

人大多不足以依赖，要生存只有靠自己。

——[法] 拿破仑

每个人都是靠自己的本事而受人尊重的。

——[古希腊] 伊索

不管我们踩什么样的高跷，没有自己的脚是不行的。

——[德] 布莱希特

我们虽可以靠父母和亲戚的庇护而成长，倚赖兄弟和好友，借交游的扶助，因爱人而得到幸福，但是无论怎样，归根结底人类还是依赖自己。

——[德] 歌德

在创业时期中必须靠自己打拼出一条生路来，艰苦困难即此一条生路上必经之途径，一旦相遇，除迎头搏击外无他法，若畏缩退避，即等于自绝其前进。

——邹韬奋

学会忍耐，积蓄成长能量

故事话题

第一天应聘时，韦文军忐忑不安地走进总经理办公室：“你好，我叫韦文军，今年刚毕业……”老板头都没抬一下：“出去！我们不要刚毕业的！”韦文军仍小心翼翼地说：“虽然我刚毕业，但是我挺有天分的……”老板粗暴地打断了他：“出去！出去！我们员工个个都有天分！出去……”韦文军马上拿出作品放到桌面上，老板扫了两眼，耐着性子说：“我们这里是无纸化办公，要求熟练操作电脑。”

韦文军表示，他只想学电脑，不要公司任何报酬，只要管他吃住就可以了，并且每天为公司打扫卫生。老板最后开了个苛刻的条件，必须负责每天打扫公司的卫生间，包括刷马桶。

这家装修公司从此多了一个忙碌的身影。韦文军每天要把近 700 平方米的办公场所里里外外打扫个遍。余下时间韦文军看着别人操作电脑。下班后，韦文军趁着夜深人静看各种专业书籍，并且上机练习操作。

他发现，公司总工每晚动笔之前必喝一口白酒，为了学习，韦文军动用自己不多的积蓄买来各式名酒，还捎上一些下酒小菜。总工的脸上终于露出一丝难得的笑容，韦文军坐在他的身边被默许了。

从那以后，老板任命韦文军正式上岗做设计师，没多久，提拔为设计总管，并放手分给他一些大项目。

五年后，韦文军带着积攒的 50 万元开了一家属于自己的装饰公司。

故事解析

重提过去那段往事，韦文军称刷马桶的经历实属上帝“负面的恩典”，他会抱着感恩的心去看待这段故事。他公开了自己的一个发现：所谓能耐，就是能够忍耐！

韦文军证明自己是有能耐的，就是他特别能够忍耐。确实，一个初出茅庐的学生，没有什么拿得出手的资本，而只有忍耐，是可以具有的品质。

忍耐不是单纯的忍受，在这个过程中要积极完成自己的成长。主动勤奋地学习自己缺乏的实际经验，积蓄能量，就有改观被动局面的一天。韦文军就是这样在忍耐中爆发出来的，让人接受焕然一新的自己。

人这一生，有着太多忍辱负重的故事，不是什么事都可以说清楚，也不是什么话都可以说。人要经受痛苦、悲伤、难过、泪水，才知道什么是幸福、快乐。无论别人说什么，做什么，为自己带来了什么，都要昂首阔步向前走，只要问心无愧，每一次忍辱负重都是下一次快乐与幸福的开始。

“坚强地活着”——活着就要坚强，就要勇敢面对人生的各种屈辱和苦难。能在各种困境中忍受屈辱是一种能力，而能在忍受屈辱中负重拼搏更是一种本领。

小不忍则乱大谋，成长也是如此。适度忍耐，带来的是功成名就的新开始。

故事穿越

淮阴侯韩信是初汉时期一位叱咤风云的战将，在汉王朝的建立中功勋卓著，是一位盖世英豪。就是这样一位英雄，早年却忍受了不少奇耻大辱。

韩信是淮阴人，出身贫寒，没有资格被推举做官，还不会从事生产或经商，没有稳定收入。他常到熟人家里混饭吃，被别人嫌弃。

他一度投靠于邻乡一个亭长家，一连几个月吃白食。为了赶走他，亭长的妻子很早就起床做饭吃光，到吃饭的时间，韩信只能饿肚子，他只好离开了。

韩信到淮阴城护城河边钓鱼，有几位老大娘在旁边漂洗衣物。其中一位老大娘见韩信到了吃饭时间还坐在河边，便把自己带来的饭分给他吃，如此一连数十天。韩信非常感动，向老大娘道谢说：“我将来一定加倍报答您！”

老大娘却生气地说：“谁希罕你的报答？一个堂堂男儿却养不活自己，我是可怜你！”

淮阴城有个年轻屠户很看不起韩信，他轻蔑地说韩信：“别看你身材高大，又喜欢带刀佩剑，其实你是个胆小鬼！”

韩信没答理他，他不甘心，接着说：“怎么你不吭声呢？难道你不承认吗？那好，如果你不是胆小鬼，就刺我一刀；要是你不敢刺我，就是承认你是胆小鬼，要从我的胯下爬过去才行。”

韩信把那年轻屠户看了好一会儿，又想了一想，居然真的低头俯身从他的胯下爬了过去。大家都耻笑他，四处传播这件事。

后来，韩信终于得到萧何的赏识，被全力保举给刘邦做了大将，战功显赫，一举成名。

故事微语

忍耐需要修养，忍辱需要度量，而忍辱负重则是一种境界。韩信就是因为有良好的修养，大将的气度，胸怀大志，所以能够不计较眼前，坚忍不拔，实现了自己的大志。

受苦忍耐是一种承担、一种处理、一种等候、一种动力。许多事业有成者都是在忍耐多次失败后，愈挫愈勇，最后取得成功。幻想一夕有成，不如在艰难困苦当中忍耐、涵养，一旦时机成熟，必然水到渠成。

宋人苏轼在《留侯论》中说："古之所谓豪杰之士者，必有过人之节，人情有所不能忍者。匹夫见辱，拔剑而起，挺身而斗，此不足为勇也。天下有大勇者，卒然临之而不惊，无故加之而不怒，此其有所挟持者甚大，而其志甚远也。"

给忍耐一个目标，生活将苦尽甘来，要做到这一点需要大智大勇，过人的坚定信念。盲目的忍耐是懦弱，但是有目标的忍耐却能创造奇迹。

心灵箴言

忍耐是涌起希望的技能。

——[印度] 瓦福纳德

幸福本身就是长期的忍耐。

——[法] 法卡缪

忍耐——肉体的小心和道德的勇气的混合。

——[英] 哈代

震骇一时的牺牲，不如深沉的韧性的战斗。

——鲁迅

你虽在困苦中也不要惴惴不安，往往总是从暗处流出生命之泉……不要因为时运不济而郁郁寡欢，忍耐虽然痛苦，果实却最香甜。

——[波斯] 萨迪

勇敢是一项生存的基本条件

故事话题

安格拉•默克尔出生于德国北部港口城市汉堡，母亲曾经是位英语和拉丁语教师。安格拉的爸爸是当地一位有名的神学院院长。安格拉的父母对她要求很严，总希望她能够出类拔萃。她牢记父亲对她的教诲，在各个方面都很刻苦，即使是在最差的体育方面，她也做到了坚持。

安格拉 12 岁时，在一次体育课上，老师要求大家练习在跳水台上跳水。其他小女孩都已勇敢地从 3 米跳台跳下水，只剩下她。

老师在旁边鼓励她，周围的同学也在鼓励她，但她就是害怕，还流下了眼泪。“还有几分钟就要下课了。”老师有些不耐烦起来，说话的语气已经带着一些责备的味道了。

小女孩听了，腿抖得更厉害了，但是她艰难地退了一小步，又前进了一大步，往池子里看了看——突然，周围的人看见她闭着眼睛跳了下去，水花溅得很高，但掌声却响了起来。

大家都为她高兴，奇怪她怎么终于敢跳了。“我突然想起了爸爸说过的一句话，他说在困难的时候就算闭着眼睛也要往前迈一步。”她说。

因为这样一个信念，安格拉没辜负父母的厚望。1973 年她以优异成绩进入莱比锡大学学习物理学。1986 年获得物理化学博士学位。

2005 年 11 月安格拉在竞选中击败德国前任总理施罗德获得成功，成为德国历史上首位女总理。有记者问她如何能坚持到最后并取得胜利时，她笑了，说自己想起了小时候的那次跳水。

故事解析

当你烦恼事情没有什么进展时，请不要停下也许发抖的双脚，请再往前迈一步，只要一步。

安格拉在跳水台上的一小步，同时是她人生舞台上的一大步。迈出了那一步，即使双腿依然颤抖，却已经是一片崭新的天地。她勇敢地迈出去，如同她勇于探知未知的科学世界，当她带着这份勇气投入政坛，就成为划时代的一个历史人物。

那轻轻的一跳，带走了恐惧，带来了光明，为安格拉的人生留下了精彩的经验，是她人生的巨大财富。

在每个人的成长历程里，很多时候，都会碰上恐惧，都有难以面对的困境，无论如何，必须迈出关键的一步，才能打破恐惧，获得新生。

停留不动，就是某种意义上的后退。勇敢前进，哪怕是一小步，就是伟大的精神胜利。能够战胜自己的恐惧，就是翻越了成长道路上的一座大山。

长大是一场一个人的战争，一个人面对无法知道的未来，一个人挺身而出对自己负责，无论蜕变多么撕心裂肺，终有一天你要破茧而出，飞、舞在生命的花园，会勇敢地长大，真实，而且生动。

故事穿越

南宋爱国词人辛弃疾的少年时代，是在国运衰颓、兵祸连绵的情况下度过的。他目睹烽烟翻滚，山河破碎，仇恨的种子深深地埋藏在心间。

有一天，一个中下级金人军官完颜千户耀武扬威地来到辛家，硬逼着辛弃疾的祖父辛赞款待他。辛赞憋着一肚子气，勉强摆了一桌酒席。完颜千户几杯酒下肚后，更加得意洋洋，当众侮辱起敬酒的小僮。

年少气盛的辛弃疾再也忍不住了。他“嗖”地从墙上抽出一把宝剑，“噔、噔、噔”几步走到完颜千户面前：“趁诸位酒酣耳热，让我舞剑给大家开心助兴！”说罢，便挥剑起舞。

他时而燕子点水，时而如泰山压顶，剑光闪闪，不见人影，顷刻猛喝一声：“看剑！”一个大鹏展翅，宝剑直指完颜千户的脑门。

“啊！——”完颜千户吓得面如土色，连人带椅仰倒在地。辛弃疾急忙收剑：“莽撞了！”从容地站立一旁。完颜千户惊魂未定，尴尬地说：“舞得好，好厉害的英武少年！”

故事微语

少年辛弃疾就很勇敢，看到侵犯者欺侮自己的亲人，他能够运用巧妙的办法给来犯者以反击和教训，并且没有触及教条规范，获得了全面的成功。

不得不说少年辛弃疾才智过人，文武双全。成长总是要面临挑战，需要对自己不断地突破，而勇敢就是最好的品质修养。

勇敢无时不在，生命艰难，需要勇敢坚持，坚强活下去；成长痛苦，要勇敢地长大；童年美好，需要勇敢放下。没有勇敢的品质，生命寸步难行，成长不可实现。

勇敢的意义在于，要敢于为正义呼喊，为需要帮助的人伸出双手，长大了就不能再对世界碌碌无为，不能再对人间冷眼相视。

长大是对勇敢的洗礼，当我们退回原地坚持坚守，勇敢地承认痛和蜕变，我们就已经长大了。

心灵箴言

勇敢是与深思和决断为伍的。

——俞吾金

勇敢里面有天才、力量和魔法。

——[德] 歌德

勇气是人类最重要的一种特质，倘若有了勇气，人类其他的特质自然也就具备了。

——[英] 丘吉尔

真的算得勇敢的人是那个最了解人生的幸福和灾患，然后勇往直前，担当起将来会发生的事故的人。

——[古希腊] 伯利克里

患难可以试验一个人的品格；非常的境遇才可以显出非常的气节；风平浪静的海面，所有的船只都可以并驱竞争；命运的铁拳击中要害的时候，只有大勇大智的人才能够处之泰然。

——[英] 莎士比亚

不断创新的生活更加精彩

故事话题

马云有过三次创业经历。

第一次：创办海博翻译社

很多人光有想法，从来都不会有行动。但是马云一有想法，就会马上行动。

当时是 1992 年，马云每个月的工资还不到 100 元。他找了几个合作伙伴一起创业，风风火火地把杭州第一家专业的翻译机构成立起来了。

为了维持翻译社的生存，马云开始贩卖内衣、礼品、医药等等商品，跟许许多多的业务员一样四处推销，受尽了屈辱，受尽了白眼。整整三年，翻译社就靠着马云推销这些杂货来维持生存。

1995 年，翻译社开始实现赢利，后来成为杭州最大的专业翻译机构。

第二次：创办中国黄页

中国黄页是中国第一家网站，虽然极其粗糙。

1995 年初，马云参观了西雅图一个朋友的网络公司，马上意识到互联网在未来的巨大发展前景。

由于开支大，业务又少，最凄惨的时候，公司银行账户上只有 200 元现金。但是马云以他不屈不挠的精神，克服了种种困难，把营业额从零做到了几百万。

第三次：创办阿里巴巴

那是 1999 年，创业开始相当艰难，公司开支一分钱恨不得掰成两半来用。外出办事，发扬“出门基本靠走”的精神。

2007 年 11 月 6 日，阿里巴巴在香港联交所上市，成为中国市值最大的互联网公司。

故事解析

创新就是做一些别人没有做过的事情，或者是别人做过的没有做成的事情。创新的事情能把生活变得越来越美好，所以颇具难度。做这样的事情风险很大，成功的概率也很低。

然而，当今互联网大鳄之一的马云，已经至少有三次创新。每一次都是全新的产物，是在无中生有。

他这样积极做勇敢尝试的先行者，必然是历尽艰难，不过最初的苦难过去，便会获取不菲的回报。

他已创新为习惯，勇做征服新事物的弄潮儿，做还要做好，最后他做到互联网大鳄。

当今世界，科技进步日新月异。科技创新关键在于人才，中国从来就不缺少“天才”，但在各种奥林匹克竞赛中“披金戴银”的中国“天才”，除莫言外，少有人在瑞典皇家科学院的殿堂内炫耀过一次，几乎成为每个中国人的遗憾。

观察是创新的触角，模仿是创新的开始。超强的动手能力和浓厚兴趣培养出在生活中对未知世界不断探索的习惯。

探索没有终点，创新永无止境，“创新”是构建未来的，“发展”是创造未来的。

创新是一个民族的灵魂，是一个国家兴旺发达的不竭动力。国家因为创新而强大，生活因为创新而精彩。

创新是成长的本质，创新能使生活变得方便高效，好的创新成果是对自己最大的价值肯定。

故事穿越

河南省濮阳市有一位小学生卓然，注重德智体美劳全面发展，尤其对青少年科技创新非常喜爱，4 岁开始动手实验，7 岁参加青少年科技创新大赛并获省市科技成果奖，是全国第六届中国青少年科技创新奖获得者。

他创造发明了诸多作品，比如，带磁性实用新型七巧板、带蘸墨槽的方便书法墨瓶、多用驾车安全报警器等，不但获得奖励而且多数已经变成实实在在的产品，为许多人带来方便。

他的父母从小就积极培养他的科技创新兴趣，纵容他爱拆东西的“坏习惯”，为他购置了很多科技含量高的“玩具”，鼓励他动手组装并参加各种比赛。

家里所有的电器都由他看说明书进行调试操作，简单的电器如组装式台灯和电风扇都由他组装。

早在幼儿园他就参加了全国优秀科技辅导员杨建庄老师的创造发明与航模培训班，6 岁即完成了全部高级课程。他会装配机器人、磁控制机器猫、组装小型半导体收音机等，生活充实而多姿多彩。

故事微语

卓然虽然已经成为国家创新人才，但他还很年轻，只是一名学生，未来创新的路还很长，他说自己决心坚持下去，长大当一名能影响到全世界的科学家。

青少年踏踏实实学好各门功课的同时，积极参与科技创新活动，细心观察生活，敢于动手实践创新，在创作活动中深刻认识和理解，从小爱科学、学科学、懂科学、用科学，是对振兴民族和国家的神圣责任。

历史告诫我们，中国的腾飞需要科学技术；时代告诉我们，赶超世界先进国家离不开科技创新；祖国需要有知识、有创新能力的接班人。

“少年强则中国强”，我们必须义无反顾，在创新的世界潮流里勇当弄潮儿，试炼自己，完满成长。

心灵箴言

创造力就是想出新鲜事物。创新就是制造新鲜事物。

——[美] 西奥多·莱维特

世界上只有一个你，这个表达是唯一的。如果你阻止了，它不会通过其他媒介存在，将会永远消失。

——[美] 玛莎·葛莱姆

没有任何人去过创造之地。你必须离开舒适的城市，走进直觉的荒野。你将会发现精彩绝伦的世界，你将会发现你自己。

——[美] 艾伦·艾尔达

即使你成功地模仿了一个有天才的人，你也缺乏他的独创精神，这就是他的天才。我们来赞美大师吧，但不要模仿他们。还是让我们别出心裁吧，如果成功了，当然很好，如果失败，又有什么关系呢?

——[法] 雨果

心灵榜样微史话

晏殊

字同叔，著名词人、诗人、散文家，汉族，北宋抚州府临川城人（今属江西进贤县文港镇沙河人），是抚州籍第一个宰相。晏殊与其第七子晏几道，在当时北宋词坛上，被称为“大晏”和“小晏”。十四岁以神童入试，赐同进士出身，命为秘书省正字，迁太常寺奉礼郎、光禄寺丞、尚书户部员外郎、太子舍人、翰林学士、左庶子，仁宗即位迁右谏议大夫兼侍读学士加给事中，进礼部侍郎，拜枢密使、参知政事加尚书左丞，庆历中拜集贤殿学士、同平章事兼枢密使、礼部刑部尚书、观文殿大学士知永兴军、兵部尚书，封临淄公，谥号元献，世称晏元献。晏殊历任要职，更兼提拔后进，如范仲淹、韩琦、欧阳修等，皆出其门。

晏殊以词著于文坛，尤擅小令，有《珠玉词》一百三十余首，风格含蓄婉丽，多表现诗酒生活和悠闲情致，颇受南唐冯延巳的影响，与欧阳修并称“晏欧”。其代表作为《浣溪沙》《蝶恋花》《踏莎行》《破阵子》《鹊踏枝》等，其中《浣溪沙》中“无可奈何花落去，似曾相识燕归来”为千古传诵的名句，被称为“天然奇偶”。他亦工诗善文，原有诗文二百四十卷，原有集，已散佚，仅存《珠玉词》及清人胡亦堂所辑《晏元献遗文》。又编有类书《类要》，今存残本。

司马光

字君实，号迂叟，汉族，陕州夏县（今山西夏县）涑水乡人，世称涑水先生，北宋政治家、史学家、文学家。历仕仁宗、英宗、神宗、哲宗四朝，卒赠太师、温国公，谥文正，为人温良谦恭、刚正不阿；做事用功刻苦、勤奋。以“日力不足，继之以夜”自诩，其人格堪称儒学教化下的典范，历来受人景仰。

宋仁宗时中进士，英宗时进龙图阁直学士。宋神宗时，反对王安石施行变法，朝廷内外有许多人反对，司马光就是其中之一。王安石变法

以后，司马光离开朝廷十五年，主持编纂了中国历史上第一部编年体通史《资治通鉴》。生平著作甚多，主要有史学巨著《资治通鉴》《温国文正司马公文集》《稽古录》《涑水记闻》《潜虚》等。

梅兰芳

名澜，又名鹤鸣，乳名裙姊，字畹华，别署缀玉轩主人，艺名兰芳。清光绪二十年出生于北京的一个梨园世家。他 8 岁学艺，11 岁登台。梅兰芳是近代杰出的京昆旦行演员，“四大名旦”之首，“梅派”艺术创始人；同时也是享有国际盛誉的表演艺术大师，其表演被推为“世界三大表演体系”之一。在西方人的眼中，梅兰芳就是京剧的代名词，他的代表剧目有《贵妃醉酒》《霸王别姬》等；昆曲有《游园惊梦》《断桥》等。所著论文编为《梅兰芳文集》，演出剧目编为《梅兰芳演出剧本选集》。在 1918 年，梅兰芳移居上海，是他戏剧炉火纯青的巅峰时代。

马云

1964 年 10 月 15 日出生于浙江省杭州市，中国著名企业家，阿里巴巴集团、淘宝网、支付宝创始人。2013 年 5 月 10 日，马云卸任阿里巴巴集团 CEO，但兼任阿里巴巴集团董事局主席、中国雅虎董事局主席、杭州师范大学阿里巴巴商学院院长、华谊兄弟传媒集团董事、菜鸟网络董事长等职务，是中国 IT 企业的代表性人物。

丘吉尔

英国历史学家、政治家、画家、演说家、作家、记者，《不需要的战争》获 1953 年诺贝尔文学奖，著有《第二次世界大战回忆录》6 卷、《英语民族史》4 卷等。历史上掌握英语单词词汇量最多的人之一（十二万多），被美国杂志《展示》列为近百年来世界最有说服力的八大演说家之一，曾荣获诺贝尔和平奖提名。1940-1945 年、1951-1955 年期间曾两度任英国首相，被认为是 20 世纪最重要的政治领袖之一，带领英国获得第二次世界大战的胜利。1929 年-1965 年临终，连续 36 年担任英国布里斯托大学校长。2002 年，BBC 举行了一个名为“最伟大的

100 名英国人”的调查，结果丘吉尔获选为有史以来最伟大的英国人。

希拉里

希拉里·黛安·罗德姆·克林顿，美国第 67 任国务卿，前联邦参议员，美国著名律师、政治家，美国第 42 届总统比尔·克林顿的妻子，美国前第一夫人（1993-2001）。

比尔·克林顿卸任后，她参加了 2008 年美国总统选举，并曾在民主党总统候选人初选中大幅度领先，但最终败给了伊利诺伊州的联邦参议员贝拉克·奥巴马。奥巴马成功当选后，提名她出任国务卿，并最终成为美国历史上的第 3 位女性国务卿。

她的政治立场偏向自由主义，在政界的影响力也不俗。舆论普遍认为她是美国历史上最有实权的第一夫人。

奥巴马

美国民主党籍政治家，第 44 任美国总统，为第一位非裔美国总统，同时拥有黑（卢欧族）白（英德爱混血）血统，童年和青少年时期分别在印尼和夏威夷度过。1991 年，奥巴马以优等生荣誉从哈佛法学院毕业。1996 年，当选伊利诺伊州参议员。2004 年，在美国民主党全国代表大会上发表主题演讲，因此成为全美知名的政界人物。同年 11 月，以 70%的选票当选代表伊利诺伊州的美国联邦参议员，是美国历史上第五位有非裔血统的联邦参议员。2007 年 2 月 10 日，他以侧重完结伊拉克战争及实施全民医疗保险制为竞选纲领，正式宣布参加 2008 年美国总统选举。同年 6 月赢得民主党初选，成为美国历史上首位被主要政党提名的非洲裔总统候选人，并于 11 月 4 日正式当选。2009 年 10 月 9 日，获得诺贝尔委员会颁发的诺贝尔和平奖。

心灵修养用语微解

依赖：依靠别人或事物而不能自立或自给。俗称成瘾。外来物质进入人体引起的一种心理生理过程的依赖性。

绝望：对某种事物完全失去了信心。往往经历了多次的失败，失去自信心，遭受多次的背叛，导致最终的绝望。属于人类负面情感的一种。

诚实：即忠诚老实，就是忠于事物的本来面貌，不隐瞒自己的真实思想，不掩饰自己的真实感情，不说谎，不作假，不为不可告人的目的而欺瞒别人。

豁达：指心胸开阔，性格开朗，能容人容事。显示一种大度和宽容，是一种品格和美德，一种乐观的豪爽，一种博大的胸怀、洒脱的态度，也是人生中最高的境界之一。

烦恼：指令人不顺心或不畅快的人或事；也可以是一个形容词，指不顺心不畅快，烦闷苦恼。语出《百喻经·五人买婢共使作喻》：“五阴亦尔，烦恼因缘合成此身。而此五阴，恒以生老病死无量苦恼搒笞众生。”

创新：以现有的思维模式提出有别于常规或常人思路的见解或导向，利用现有的知识和物质，在特定的环境中，本着理想化需要或为满足社会需求，而改进或创造新的事物、方法、元素、路径、环境，并能获得一定有益效果的行为。

自信：是指自己相信自己。是个人对自己所作各种准备的感性评估。自信能促进成功。相信自己行，是一种信念。自信不能停留在想象上。要成为自信者，就要像自信者一样去行动。我们在生活中自信地讲了话，自信地做了事，我们的自信就能真正确立起来。面对社会环境，我们每一个自信的表情、自信的手势、自信的言语都能真正在心理中培养起我们的自信。

宽容：是心理养生的调节阀。人在交往中，吃亏、被误解、受委屈的事总是不可避免的。面对这些，最明智的选择是宽容。宽容不仅包含着理解和原谅，更显示出一个人的气度和胸襟。一个不懂宽容，只苛求别人的人，其心理往往处于紧张状态，从而导致神经兴奋，血管收缩，血压升高，使心理、生理进入一种恶性循环状态。学会宽容就会严于律己，宽以待人，这就等于给自己的心理安上了调节阀。

品质：主要指人的行为和作风所显示的思想、品性、认识等实质。也指物品的质量。语出老舍《〈骆驼祥子〉后记》：“在书里，虽然我同情劳苦人民，敬爱他们的好品质，我可是没有给他们找到出路。”冯雪峰《上饶集中营·关于主题》：“这种种高贵的精神和品质，也是有着非常典型的表现的。”周而复《上海的早晨》第四部十九：“（他）发现清花车间和钢丝车间没有经常根据不同的原棉品质，来调整机器设备。”

诚信：“诚”，是儒家为人之道的中心思想，立身处世，当以诚信为本。宋代理学家朱熹认为：诚者，真实无妄之谓。“诚”是一种美德。言行须循天道，说真话，做实事，反对虚伪。意思为诚实。“信”，《说文解字》认为“人言为信”，程颐认为：“以实之谓信。”可见，“信”不仅要求人们说话诚实可靠，切忌大话、空话、假话，而且要求做事也要诚实可靠。而“信”的基本内涵也是信守诺言、言行一致、诚实不欺。

自卑：是一种不能自助和软弱的复杂情感。有自卑感的人轻视自己，认为无法赶上别人。A.阿德勒对自卑感有特殊的解释，称其为自卑情结。他对于这个词主要有两种相联系的用法：首先，自卑情结指以一个人认为自己或自己的环境不如别人的自卑观念为核心的潜意识欲望、情感所组成的一种复杂心理。其次，自卑情结指一个人由于不能或不愿进行奋斗而形成的文饰作用。自卑情结是由婴幼儿时期的无能状态和对别人的依赖而引起的，所以对人有普遍意义。是驱使人成为优越的力量，又是反复失败的结果。自卑情感，可通过调整认识，增强信心和给予支持而消除。

德高行雅：道德高尚，行为举止文雅、文明。形容个人修养高深，品性优秀出众。